**1** 建筑思想

风水与建筑
礼制与建筑
象征与建筑
龙文化与建筑

**2** 建筑元素

屋顶
门
窗
脊饰
斗栱
台基
中国传统家具
建筑琉璃
江南包袱彩画

**3** 宫殿建筑

北京故宫
沈阳故宫

**4** 礼制建筑

北京天坛
泰山岱庙
闾山北镇庙
东山关帝庙
文庙建筑
龙母祖庙
解州关帝庙
广州南海神庙
徽州祠堂

**5** 宗教建筑

普陀山佛寺
江陵三观
武当山道教宫观
九华山寺庙建筑
天龙山石窟
云冈石窟
青海同仁藏传佛教寺院
承德外八庙
朔州古刹崇福寺
大同华严寺
晋阳佛寺
北岳恒山与悬空寺
晋祠
云南傣族寺院与佛塔
佛塔与塔刹
青海瞿昙寺
千山寺观
藏传佛塔与寺庙建筑装饰
泉州开元寺
广州光孝寺
五台山佛光寺
五台山显通寺

**6** 古城镇

中国古城
宋城赣州
古城平遥
凤凰古城
古城常熟
古城泉州
越中建筑
蓬莱水城
明代沿海抗倭城堡
赵家堡
周庄
鼓浪屿
浙西南古镇廿八都

**⑦ 古村落**

浙江新叶村
采石矶
侗寨建筑
徽州乡土村落
韩城党家村
唐模水街村
佛山东华里
军事村落—张壁
泸沽湖畔"女儿国"—洛水村

**⑧ 民居建筑**

北京四合院
苏州民居
黟县民居
赣南围屋
大理白族民居
丽江纳西族民居
石库门里弄民居
喀什民居
福建土楼精华—华安二宜楼

**⑨ 陵墓建筑**

明十三陵
清东陵
关外三陵

**⑩ 园林建筑**

皇家苑囿
承德避暑山庄
文人园林
岭南园林
造园堆山
网师园
平湖莫氏庄园

**⑪ 书院与会馆**

书院建筑
岳麓书院
江西三大书院
陈氏书院
西泠印社
会馆建筑

**⑫ 其他**

楼阁建筑
塔
安徽古塔
应县木塔
中国的亭
闽桥
绍兴石桥
牌坊

筑境

中国精致建筑100

皇家苑囿

程里尧 撰文 程里尧 摄影

中国建筑工业出版社

## 出版说明

中国是一个地大物博、历史悠久的文明古国。自历史的脚步迈入新世纪大门以来，她越来越成为世人瞩目的焦点，正不断向世人绽放她历史上曾具有的魅力和光辉异彩。当代中国的经济腾飞、古代中国的文化瑰宝，都已成了世人热衷研究和深入了解的课题。

作为国家级科技出版单位——中国建筑工业出版社60年来始终以弘扬和传承中华民族优秀的建筑文化，推动和传播中国建筑技术进步与发展，向世界介绍和展示中国从古至今的建设成就为己任，并用行动践行着"弘扬中华文化，增强中华文化国际影响力"的使命。从20世纪80年代开始，中国建筑工业出版社就非常重视与海内外同仁进行建筑文化交流与合作，并策划、组织编撰、出版了一系列反映我中华传统建筑风貌的学术画册和学术著作，并在海内外产生了重大影响。

"中国精致建筑100"是中国建筑工业出版社与台湾锦绣出版事业股份有限公司策划，由中国建筑工业出版社组织国内百余位专家学者和摄影专家不惮繁杂，对遍布全国有历史意义的、有代表性的传统建筑进行认真考察和潜心研究，并按建筑思想、建筑元素、宫殿建筑、礼制建筑、宗教建筑、古城镇、古村落、民居建筑、陵墓建筑、园林建筑、书院与会馆等建筑专题与类别，历经数年系统科学地梳理、编撰而成。本套图书按专题分册，就其历史背景、建筑风格、建筑特征、建筑文化，结合精美图照和线图撰写。全套100册、文约200万字、图照6000余幅。

这套图书内容精练、文字通俗、图文并茂、设计考究，是适合海内外读者轻松阅读、便于携带的专业与文化并蓄的普及性读物。目的是让更多的热爱中华文化的人，更全面地欣赏和认识中国传统建筑特有的丰姿、独特的设计手法、精湛的建造技艺，及其绝妙的细部处理，并为世界建筑界记录下可资回味的建筑文化遗产，为海内外读者打开一扇建筑知识和艺术的大门。

这套图书将以中、英文两种文版推出，可供广大中外古建筑之研究者、爱好者、旅游者阅读和珍藏。

# 目录

007　一、紫泉宫殿锁烟霞

021　二、政躬勤余娱湖山

033　三、蓬莱仙境和九五之尊

045　四、纳千顷之汪洋

053　五、园中之园　多方景胜

063　六、浓缩天下美景

069　七、写放天下名园

075　八、琼楼玉宇　山水生辉

085　九、五花八门的建筑类型

093　十、华丽的建筑小品和饰物

101　大事年表

# 皇家苑囿

中国皇家苑囿的产生，经历了极其漫长的酝酿时期。早在中华民族从游牧社会进入农业社会，并经过长时间的稳定发展时期后，大约在公元前11世纪的商朝晚期，在中国这片土地上，出现了专供天子狩猎的场所——"囿"。初期做法仅仅是将大面积的土地圈围区隔，并在其中放养飞禽走兽，以作为天子专用的娱乐性猎场；并没有亭台楼阁等人工建筑，勉强仅能算是后世具规模之皇家苑囿的滥觞。如《史记·殷本记》中有纣王取珍禽异兽置于"沙丘苑台"的记载，其文曰："益广沙丘苑台，多取野兽蜚鸟置其中。""沙丘"为地名，据考约在今河北省平乡县东北。"苑台"即苑囿和高台。"台"是天子祀天、观天象云色的地方。随着文明与建筑技术的发展，后来逐渐在台上建屋而形成高台宫室，是为后世皇家苑囿的具体构成要素之一。

具有广阔天然植被的土地、禽兽和台，是构成苑囿的原始要素，也是皇家苑囿的胚胎形态。狩猎作为中国皇帝的娱乐方式之一，后来并成为演武练兵、讲求武功的表征；是以受到历代皇帝的青睐。而此种围猎演武的风习，差不多一直延续到中国帝制王朝的末期。由最初仅作为猎场，到最后发展为帝王休憩、游乐甚至理政之所，皇家苑囿因帝王的重视，而在历代掀起一波波皇家园林建筑的高潮。

如果试着把商代的"囿"与大约相同时期的希腊宫苑（公元前10世纪左右）作一比较，可以看出后者主要是以园艺、蔬果、喷泉、水池等基本要素构成宫苑主体，显然中国皇家苑囿在它的胚胎期已展现出截然不同于西方的规模、形式、内涵和取向，并以此形态延续数千年之久，产生出璀璨傲人的、属于中国皇家特有的园林艺术。

一、紫泉宫殿锁烟霞

秦、汉是中国皇家苑囿真正的形成时期，秦始皇在统一中国后的15年间，大兴土木，不断建造宫室苑囿，其中最著名的是咸阳南面的上林苑，所谓"规恢三百余里，离宫别馆弥山跨谷，辇道相属，阁道通骊山八百余里"。在这一望无际的苑囿中分布着用阁道连接起来的庞大宫殿群，其万千气象可以想见。

中国古代崇拜北极星，认为是天盖之中轴，是天皇大帝的紫微之居所，故秦始皇的寝宫、阿房宫和上林苑是结合周围的山形水势以象征星汉进行布置的。上林苑未建成而秦亡，汉时继续营造，历30年始成。上林苑地跨五县，地形复杂，植被丰富。苑中有八川出入，港汉纵横，有深林巨莽，奇葩异卉，豢养百兽，宫、观、苑、池无数，其中最大的昆明池周40里，可操练水师和泛舟游乐。苑中最重要的宫殿——建章宫周20余里，宫北有人工开凿的太液池，池中有蓬莱、方丈、瀛洲三岛（象征海上三神山），首开中国皇家苑囿"一池三山"象征主义山水之先河。在秦汉苑囿的初创期，统治者的趣味主要在于修造华美的宫殿和大规模的狩猎需求。

魏晋时各地政权迭起，宫室苑囿建置甚多，主要集中于北方的邺城、洛阳和南方的建康。在这长达300年的社会大动荡时期，皇家望族敛财，道德沦丧，民不聊生，而大批士人的避世之举却引发出对自然山水审美的升华，对苑囿的营建产生深刻影响。这个时期著名的苑囿如后赵石虎邺城的华林园（于北齐扩建时

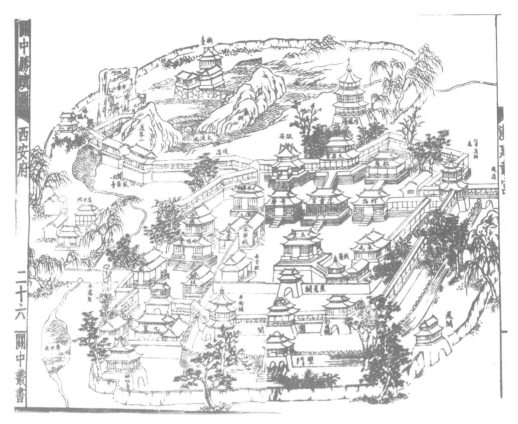

**图1-1 汉建章宫图**

建章宫创于汉武帝太初元年（前104年），是上林苑中最大、最重要的宫殿建筑群。位于长安城西，与未央宫仅一墙之隔，但比未央宫的规模更大。宫北人工开凿的太液池中有蓬莱、方丈、瀛洲三岛，象征海上三神山，体现了秦朝追求的海上仙山的意境，成为中国皇家苑囿山水布局的重要范式，对后世历朝皇苑山水营构具有极为深远的影响。

紫泉宫殿锁烟霞

筑境 中国精致建筑100

更名"仙都苑"），北魏洛阳之华林园和南朝建康之华林园与乐游园等。邺城之仙都苑中有人工山水象征五岳、四海、四渎；建康之华林园依玄武湖、鸡笼山的天然优势而形成了具有山水林木之趣的宏大苑囿，开启了模拟自然山水造园的新途径。

隋时苑囿兴建更盛，炀帝开运河，从京师至江都有离宫40余处，行宫苑囿连接。东都洛阳城西的西苑规模最大，也是在平地上兴造人工山水苑囿之始，与秦汉粗犷豪放的上林苑风范已大不相同了。西苑中有周长10余里的北海，海中有三神山，海北有龙麟渠、十六院，还有周40里的五湖。这是继承秦汉以来的象征主义山水经营的经验，而且更适于人生享乐的巨大苑囿，为后继的统治者提供了范例。

唐之著名宫苑如兴庆宫，在长安城内，苑中有龙池、假山，楼台画舸参差，风送荷香袭人。假山上筑沉香亭，广植牡丹。李白曾作《清平调》，描写唐明皇和杨贵妃的宫苑之乐："名花倾国两相欢，常得君王带笑看；解释春风无限恨，沉香亭北倚栏杆。"唐时最大的苑囿是长安东面的华清宫，是在秦时骊山汤的原址扩建而成、以天然山水温泉为依托的巨大离宫，历史上有"骊山上下益治汤井为地，合殿环列山谷"的记载。

入宋以后，随着文学、绘画和建筑技术的日益成熟，皇家苑囿广泛汲取文人园林的精华而进入了艺术化的经营时期。最有代表性的

a 唐华清宫鸟瞰图

b 骊山华清宫（张振光 摄）

**图1-2 华清宫**

华清宫位于长安东昭应县（今陕西临潼）骊山北麓，以温泉著名。唐贞观十八年（644年）建为离宫，初名汤泉宫、温泉宫，后改为华清宫。宫为方形，内有十八汤池，殿阁园圃无数。玄宗（713—756年）每年十月至此迄岁终，为唐代主要离宫。原建筑多已不存，今日所见为清代以后重修。

紫泉宫殿锁烟霞

皇家苑囿

⊕筑境 中国精致建筑100

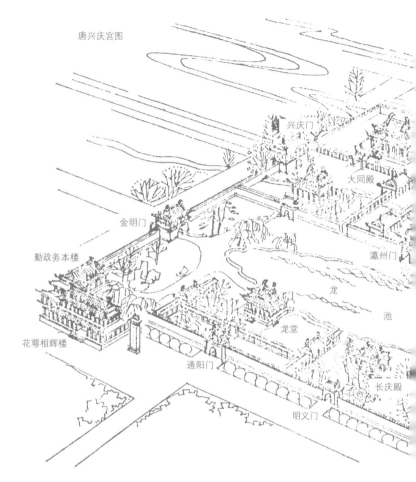

唐兴庆宫图

兴庆门

大同殿

金明门

瀛州门

勤政务本楼

龙

池

龙堂

花萼相辉楼

通阳门

长庆殿

明义门

a 唐兴庆宫建筑分布图（《中国古代园林史》，
中国建筑工业出版社）

图1-3a,b 兴庆宫

位于西安市东部的兴庆宫，原名"兴庆坊"，
唐开元十四年（726年）扩建为宫，总面积约
1.3平方公里，相当于近两个故宫的大小，是唐
玄宗时的中国政治中心所在，也是他与爱妃杨
玉环长期居住、流连享乐的地方。原建筑因年
代久远，早已不复存在。如今在唐代兴庆宫遗
址上，沿用当年兴庆宫的池、堂、楼、亭的方
位和名称，设计修建了兴庆宫公园。由建筑分
布图可以想见昔时大唐盛世皇家苑囿的气派。

建福门

百官待漏院

望仙门

开苑门

南薰殿

芳苑门

金花落

新射殿

仙灵门

沉香亭

阳门

b 兴庆宫公园（张振光 摄）

是北宋徽宗赵佶在都城汴梁西北隅兴造的御苑——寿山艮岳。这是一座以大型人工假山为主的苑囿，苑中冈阜连属，瀑布溪水萦回，楼堂亭馆参差，奇花异草杂处其间，俨然天然图画。艮岳中有许多胜景如濯龙峡、蟠秀、罗汉岩、白龙沜、凤池、椒崖、海棠川、八仙馆、览秀轩、绛霄楼、巢凤阁等，不胜枚举。

金朝定都燕京后改名中都，主要的皇苑是在北郊兴建的大宁宫，即今北京北海琼华岛的前身。将汴梁艮岳的许多太湖石运到大宁宫，堆造琼华岛，岛上建广寒殿。元朝改金中都为大都，以大宁宫太液池为中心建设皇城，故金时的离宫到了元时便成为皇城内御苑，但其范围很大，占据了皇城北部和西部的大片地区。太液池在宫城西，池中有万岁山、圆坻、犀山三岛（即今北京三海之琼华岛、团城和瀛台址），仍沿袭苑囿"一池三山"古制，并模拟仙山楼阁的画意在万岁山东西对称地分列亭殿。元朝还从大都的西部瓮山泊开凿河道至大都以解决用水和粮运，瓮山泊即今颐和园昆明湖址。

明朝仍沿用金元时留下的御苑，以太液池以西的西苑为主，在苑中增建了一些景物，逐渐变成今天我们所见的北海、中海和南海的格局。清朝的北京掀起了皇家苑囿建设的高潮，也是集园林艺术和技术大成的时期。清代除在皇城内继续经营西苑外，主要是在北京西北郊风景优美地区进行大规模的营建，有"三山五园"著称于世，即香山静宜园、玉泉山静明

图1-4 避暑山庄山区景色图

河北承德的避暑山庄山区约占全苑面积三分之二，峰峦迭起，峡峪天成，覆盖着松林巨莽，其美丽景观是北方地区所罕见。清帝在此休养、听政和狩猎。此花苑还保存着中国皇家苑囿远古时期以天然形态为主的风貌。

园、万寿山清漪园，以及圆明园和畅春园。此外在远离北京的热河修建离宫"避暑山庄"。在皇帝巡幸各地时还建造了许多行宫御苑，如今天尚能见其遗迹的保定古莲花池即乾隆、嘉庆、光绪三朝的行宫遗址。

清代的苑囿盛况与康熙、乾隆二帝对风景园林的钟爱和个人的文学艺术修养有密切关系，他们多次下江南游幸，汲取文人园林之精粹，使之再现于皇家苑囿，在苑囿的富贵豪华之外又平添了高雅幽邃的情趣。圆明园堪称是

图1-5 避暑山庄全图（局部）

避暑山庄东北部山区松云峡，在峡的两侧分布着许多建筑群。将不同性质和不同形式的建筑群分散于自然景观之中，是中国皇家苑囿自古以来的传统方法，人在山间游览，时时可见不同景物隐现，充分显示了中国建筑所具有的人工与天然相结合的特征。

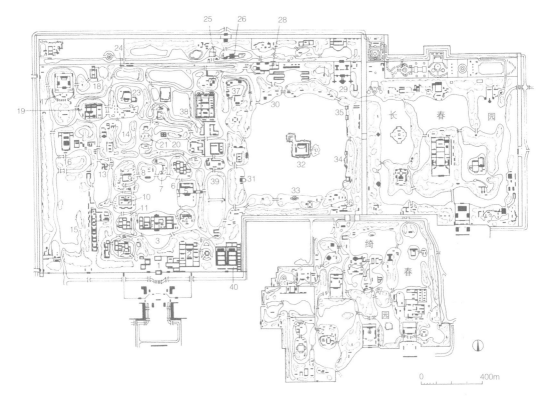

1.正大光明；2.勤政亲贤；3.九州清宴；4.镂月开云；
5.天然图画；6.碧桐书屋；7.慈云普护；8.上下天光；
9.杏花春馆；10.坦坦荡荡；11.茹古涵今；12.长春仙馆；
13.万方安和；14.武陵春色；15.山高水长；16.月地云居；
17.鸿慈永祜；18.汇芳书院；19.日天琳宇；20.澹泊宁静；
21.映水兰香；22.水木明瑟；23.濂溪乐处；24.多稼如云；
25.鱼跃鸢飞；26.北远山村；27.西峰秀色；28.四宜书屋；
29.方壶胜境；30.平湖秋月；31.澡身浴德；32.蓬岛瑶台；
33.夹镜鸣琴；34.接秀山房；35.涵虚朗鉴；36.别有洞天；
37.廓然大公；38.坐石临流；39.曲院风荷；40.洞天深处

图1-6 圆明三园平面图

圆明园位于北京西北郊玉泉山瓮山诸泉下游，
自康熙四十八年（1709年）至乾隆九年（1744
年），历35年完成40景。占地约200公顷，是以
水景为主的皇家苑囿。院区可大致分为五区：第
一区为南部宫廷区，为前朝后寝传统布局；第二
区为后湖区，位于宫廷区正北，是以后湖为中心
的居住游览区；第三区为福海区（一池三山）；
第四区为后湖北面和西北面广大区域；第五区为
北墙内狭长地带。长春园位于圆明园东侧，建于
乾隆十六年（1751年），以水景为主，苑中有
仿欧洲建筑风格之西洋楼。绮春（万春）园在圆
明、长春二园之南，亦以水景为主。圆明三园
先后毁于1860年英法联军与1900年八国联军之
役，今仅存残迹遗址。

紫泉宫殿锁烟霞

皇家苑囿

筑境 中国精致建筑100

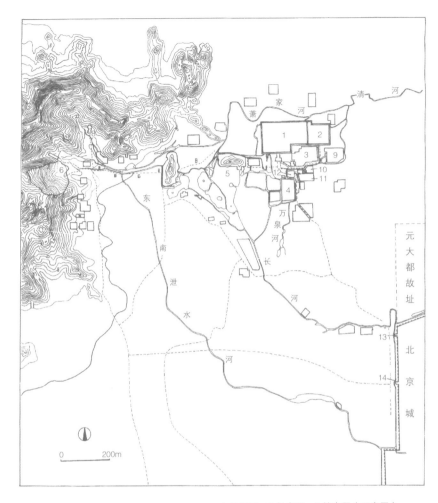

1.圆明园；2.长春园；3.绮春园（万春园）；
4.万寿山清漪园；5.玉泉山静明园；
6.香山静宜园；7.碧云寺；8.卧佛寺；
9.熙春园；10.朗润园；11.淑春园；
12.蔚秀园；13.西直门；14.阜成门

图1-7 清乾隆时期北京西北郊主要皇家苑囿分布图
清乾隆时期国力鼎盛，除圆明园扩建完成外，又增建
了长春、万春二园，同时扩建了玉泉山静明园、香山
静宜园及万寿山清漪园，号称"三山五园"。随着各
苑区的完成，中国皇家苑囿的发展亦推向极致。图为
乾隆时期皇家苑囿的分布图，可见苑区集中分布于山
水之间，为乾隆盛世下一完美注脚。

**图1-8 武陵春色图（《御制圆明园诗》）**
武陵春色在圆明园的西部，四面复岫环水，有小溪深入，其房宇分布依天然形势自由错落，以墙垣分隔成数个空间又用廊庑相连，总体布置颇类乡间村舍，主题是摹写《桃花源记》的意境。传说咸丰皇帝在圆明园中有汉人宠姬四人，因清制汉人不得入宫闱故藏于圆明园，武陵春为其一，其他尚有杏花春、牡丹春、海棠春。

皇家苑囿

紫泉宫殿锁烟霞

◎ 筑境 中国精致建筑100

图1-9 圆明园遗迹（孙昭 摄）
位于北京西北部的圆明园，是清代康乾盛世的皇苑建筑巅峰之
作；时有"万园之园"美誉。在占地约200公顷的园区内，计
有景点100余处。除以大片山水、山石构成主体，并有各式建
筑散布其间；惜毁于战祸中，今仅有部分残迹。

有清一代皇苑的代表作，被世界誉为"万园之
园"。圆明园在北京西北郊约10公里处，建于
雍正、乾隆年间，历50年建成，占地约200公
顷，是人类文明史上曾经出现过的唯一在平地
上建造的最杰出的苑囿。全园以水为主体，以
假山、湖泊、水系和建筑交织成许多各放异彩
的建筑空间和园林景观。著名的景点有100余
处，清唐岱、沈源绘有《圆明园四十景图》传
世，可惜它毁于1860年的英法联军之役，今仅
存遗址供世人凭吊。

二、政躬勤余娛湖山

政躬勤余娱湖山

筑境 中国精致建筑100

皇家苑囿在长期经营传承的过程中发展出离宫、禁苑和宫苑三种基本类型，这是为了满足统治者在不同的时间和地点都能及时行乐的需求。

离宫是苑囿中最重要的一种。在历代古籍中都载有离宫建设的史实。离宫一般都位于距都城不远，易于到达，且具丰富的植被、水源和美景之地段，如秦汉之上林苑。在"溥天之下，莫非王土"的王朝时代，圈定大量土地作为皇家专用的苑囿是轻而易举的事。这类离宫可作游猎、休养、避暑之用，所以许多皇帝常常每年在一定季节到离宫居住一段较长时间。如史载唐之骊山华清宫，玄宗于每年十月去，岁末始返长安。清代之圆明园、避暑山庄、颐和园更是皇帝常住之地，从雍正开始差不多每年有三分之二的时间皇帝都居于圆明园。为了使皇帝在园居期间能及时处理朝政，所以离宫内都设有宫廷一区，是其重要特征。清末重建后的颐和园更是慈禧享乐的安乐窝，她几乎全年都居于园内。据载，慈禧在主理朝政之后便恣意悠游于园中，山水之乐是她最大的精神享受，或登山远眺暮霭、夕阳、炊烟，乃至园外市井诸般景象，或泛舟徜徉于碧波万顷之中流，四时之景如赏雪、赏雨，她都乐此不疲。慈禧曾说一日二十四时各有其可爱之景在，特别是挑灯夜游更兴味盎然。除游山玩水之外，每逢寿庆、各种节日或招待外国宾客，颐和园内张灯结彩，夜来万寿山上华灯齐放，昆明湖中舟灯点点，灿若星辰。每月朔望，园中必演戏以志庆祝，此外如应时赏牡丹、赏菊、玩赏

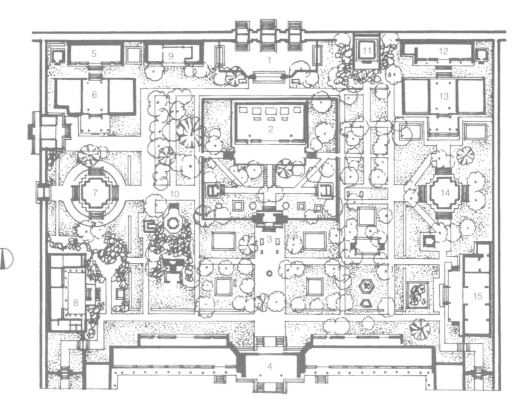

1.承光门；2.钦安殿；3.天一门；4.坤宁门；

5.位育斋；6.澄瑞亭；7.千秋亭；8.养性斋；

9.延辉阁；10.四神祠；11.御景亭；12.摛藻堂；

13.浮碧亭；14.万春亭；15.绛雪轩

图2-1 北京故宫御花园平面图

宠物、放生鸟类鱼品，不胜枚举，至于美食佳肴之丰更是民间难以想象的了。

　　禁苑是另一种类型的苑囿，距宫城或都城很近，或与宫城毗邻。由于来去方便，可以为皇室提供更直接的游乐服务。早期的禁苑规模也很大，如隋之西苑，但比起秦汉之离宫上林苑要小得多。禁苑一般亦是具有优美自然景观地段，再加以人工塑造和雕琢，分布殿宇，周以苑墙。如六朝时建康（今南京）宫城外之华林园，就是利用玄武湖和鸡笼山的天然条件而营建的。东晋简文帝入华林园有一句脍炙人口的名言："会心处不必在远，翳然林木，便有濠濮间想也，觉鸟兽禽鱼自来亲人"，其园林风貌跃然纸上。唐时长安城北至渭水的大片土地均划为禁苑，东西27里，南北23里，与宫城毗邻。明、清禁苑——西苑在皇城内、宫城外，更便于皇家游乐，而且常有赐宴、赐游王公大臣的事。西苑即今之北海、中海和南海

图2-2 北京故宫御花园万春亭（张振光 摄）
御花园东侧的万春亭，亭的平面为十字形，重檐屋顶，上部为圆形攒尖，形式很特殊，配以金碧彩画，汉白玉石基座并四面出陛，十分华丽而典雅。这里是皇帝和诸后妃休憩、赏花之所。在园的西部有一座千秋亭与此亭对称，形式亦相同。

图2-3 北京故宫乾隆花园（张振光 摄）

紫禁城的乾隆花园实际就是宁寿宫花园，位于
宁寿宫西北。建于乾隆三十六年（1771年），
平面为狭长形，南北160米，东西37米。建筑
布置呈不对称格局，有五进院落。

政躬勤余娱湖山

筑境 中国精致建筑100

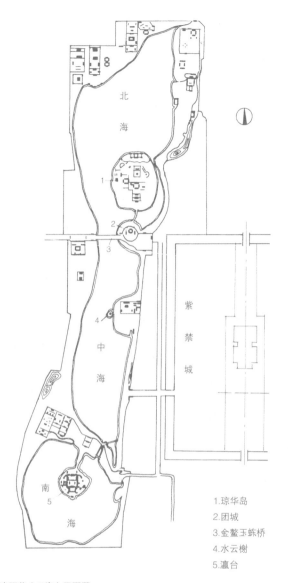

1.琼华岛
2.团城
3.金鳌玉𬇙桥
4.水云榭
5.瀛台

**图2-4 明清西苑（三海）平面图**

位于紫禁城西的西苑，是以北、中、南三海为苑区主体的皇家苑囿。北海苑区以东、北两侧建筑群及琼华岛、团城为主。其中琼华岛上有白塔山，上立喇嘛教白塔，为北京显著地标。中海主要建筑有勤政殿、丰泽园、紫光阁等。南海主体为象征瀛洲的瀛台岛，康、雍、乾诸帝时常于此流连。戊戌变法失败后，则成为囚禁光绪帝的孤岛。明清西苑景区即以北海琼华岛、中海水云榭及南海瀛台岛为"一池三山"象征布局。西苑毗邻宫城，是属禁苑型皇家苑囿，可提供皇室最直接的游憩功能。

图2-5 北京北海琼华岛塔山南面全景（张振光 摄）
塔山南坡的主体建筑是永安寺，建筑依山势层层而
上，与山顶之白塔构成一南北主轴线，寺的西面山
坡上有悦心殿，是皇帝来游时理事和接见大臣之
所。其后的庆霄楼是帝后于腊月居高临下观看太液
池中冰嬉处。

的范围，是清代皇室进行娱乐活动和举行许多宫廷盛典的地方。特别是南海瀛台一区在清代大肆修整增筑后，更是皇帝时常临幸之所，康熙、雍正、乾隆三帝常在此泛舟、钓鱼或在节日观看烟火。慈禧也时常在此听政并游乐，戊戌政变失败后，瀛台遂成为囚禁光绪皇帝10年的孤岛。中海之丰泽园是清代皇帝举行"演耕"之礼的地方，表示"政莫大于农桑"以农为本的思想。紫光阁则是每年正月十九日赐宴功臣的场所，中秋时节在阁前空地由大臣侍卫举行比武射箭，以示不忘武功。北海之庆霄楼和悦心殿则是在冬季居高临下观看海中冰嬉或兵士滑冰操演的地方。濠濮间是皇宫宴请大臣之所，慈禧也时常在此消夏，或听艺人说书，或作投壶之戏。画舫斋是宫廷邀集著名画家作画和宫中妃嫔习画之处。

宫苑是第三种类型的苑囿，是一种附属于宫廷建筑的小园，如同一般邸宅内的花园，为帝后提供最便捷的娱乐休闲空间，如今日北京故宫内之御花园、建福宫花园、慈宁宫花园、宁寿宫花园均是。此类小园多以假山、池沼点缀，建筑造型活泼变化，使人入园有轻松之感，因此对于深居宫闱的后妃们，实在是一方近在咫尺的洞天福地。如北京故宫内最北的御花园，面积只有1.2万平方米，其中有建筑20余座，造型各不相同而精雅宜人，假山水池数处亦各得其所。园设四门，住在后三宫、养心殿和东西六宫的皇帝后妃们，都能很方便地入园游玩。园中亭榭可供休息，五彩石子铺路更添信步赏游之趣。园中的堆秀山全用太湖石堆

图2-6 承德避暑山庄平面图

1.丽正门；2.正宫；3.松鹤斋；4.德汇门；5.东宫；6.万壑松风；

7.芝径云堤；8.如意洲；9.烟雨楼；10.临芳墅；11.水流云在；

12.濠濮间想；13.莺啭乔木；14.莆田丛越；15.苹香沜；16.香远益清；

17.金山；18.花神庙；19.月色江声；20.清舒山馆；21.戒得堂；

22.文园狮子林；23.殊源寺；24.远近泉声；25.千尺雪；26.文津阁；

27.蒙古包；28.万树园；29.试马埭；30.澄观斋；31.北枕双峰；

32.青枫绿屿；33.南山积雪；34.清溪远流；35.锤峰落照；36.碧峰寺；

37.梨花伴月；38.食蔗居

29

成，山顶有御景亭，拾级可上，每逢九月九重阳节帝后们来此登高眺远。绛雪轩是皇帝游园时吟诗品茗之所。园中还有鱼池栽种红白莲。主殿钦安殿供奉真武大帝，每年元旦皇帝在此祭祀，祈免火灾。殿的东西南三面有花池，栽种花卉供后妃玩赏。

**图2-7 避暑山庄湖区鸟瞰**
（前页）
避暑山庄东南部地势低洼，汇泉、洞之水而成湖。用洲、岛、堤、桥等将湖面划分为许多大小不同、形式各异的水上空间，使景色十分婉转迷离，后妃常在湖上泛舟采菱游息。从前沿湖有20余处景点，多已毁圮。

1. 山高水长
2. 藻园
3. 紫碧山房
4. 鱼跃鸢飞
5. 珠蕊宫
6. 海宴堂
7. 狮子林
8. 宝相寺
9. 法慧寺
10. 明春门
11. 雷峰夕照
12. 丽春门
13. 敷春堂
14. 含辉楼

**图2-8 清文宗咸丰八年（1858年）七月二十一日游圆明三园动线**
清文宗咸丰八年（1858年）七月二十一日游圆明三园，自中午开始由七名大臣侍游。自山高水长骑马，先至藻园，北行经紫碧山房、鱼跃鸢飞，至珠蕊宫小坐饮茶，继游海宴堂，至狮子林清淑斋吃饭。饭毕经宝相寺、法慧寺过明春门，至雷峰夕照码头，乘"如在天上"船游福海，并作诗。在澄漪镜澥上岸进丽春门，骑马由东墙根过敷春堂，游西堤至含辉楼完毕。

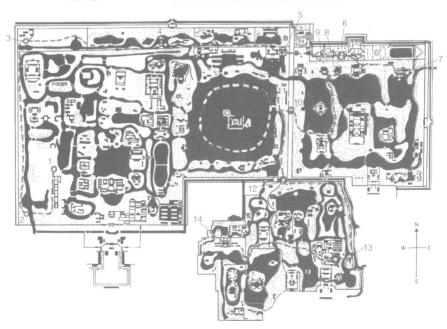

三、蓬萊仙境和九五之尊

中国皇家苑囿在萌芽期便受到中国古老的神仙传说的影响，苑囿作为一种艺术形态甚至可以说是在神仙说的孕育下生成的。

神仙说源自古代巫术的鬼神幻想，以后又杂糅道家学说、阴阳五行、黄老、方技术数。巫术在先秦时期便十分盛行，由方士演化为方仙道，虚构出许多神仙故事。庄子《逍遥游》中称，藐姑射山上的神人"肌肤若冰雪，绰约如处子，不食五谷，吸风饮露，乘云气，御飞龙而游乎四海"。方士还鼓吹人可"长生不老"、"羽化成仙"，主张以生为乐，以长寿为大乐，以不死成仙为极乐。方仙道从事"形解销化，依鬼神"，即进行脱胎成仙的修炼。他们还编造了海上三神山和黄帝于泰山封禅不死等传说，为当时的诸侯所崇信。统治者对长生不老的渴望更甚于百姓，以永握权力和人间无穷的欢乐，故自春秋战国以来国君屡有寻仙之举。《史记·封禅书》载，战国时齐威王、宣王和燕昭公等在公元前4世纪至前3世纪间，使人入渤海寻三神山，因传闻三神山上有仙人和不死之药。神山望之如云，至近时便处于水下，待船至山已不见，故始终不能到达，但人君都不甘心。秦始皇统一中国后，更醉心于神仙方术、祀神封禅、炼丹求仙，故宠信方士徐福。史载"齐人徐市（即徐福）等上书，言海上有三神山，名曰蓬莱、方丈、瀛洲，仙人居之。请得斋戒，与童男女求之，于是遣徐市发童男女数千人，入海求仙人。"徐福入海杳无消息，始皇又派卢生寻找仙人羡门、高誓和不死之药，均告失败。汉武帝时更热衷此道，方

图3-1 海上三山图（清·袁江）

海上仙山与永生不死的神仙思想，长久以来一直为帝室皇家所追求，亦为文人、画家极为喜好的题材。如图画幅以耸立于苍茫大海的蓬莱仙山为主体铺陈，岛上有楼阁仙观，在云烟浩渺中，十足地展现出神仙思想的浪漫情调。

皇
家
苑
囿

蓬莱仙境和九五之尊

◎筑境
中国精致建筑100

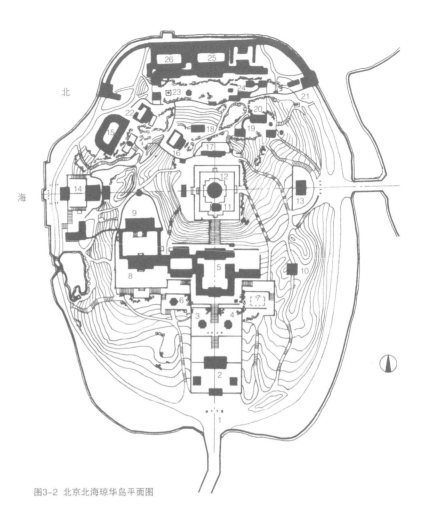

北

海

图3-2 北京北海琼华岛平面图

1.堆云积翠牌楼；2.法轮殿；3.涤霭亭；4.引胜亭；
5.普安殿；6.蓬壶挹胜亭；7.塔碑记；8.悦心殿；
9.庆霄楼；10.慧日亭；11.善因殿；12.白塔；13.智
珠殿、半月城；14.水精域；15.阅古楼；16.酣古
堂；17.揽翠轩；18.写妙石室；19.交翠亭；20.看
画廊；21.琼岛春阴；22.亩鉴室；23.仙人承露盘；
24.盘岚精舍、环碧楼；25.漪澜堂、碧照楼；26.道
宁斋、远帆阁

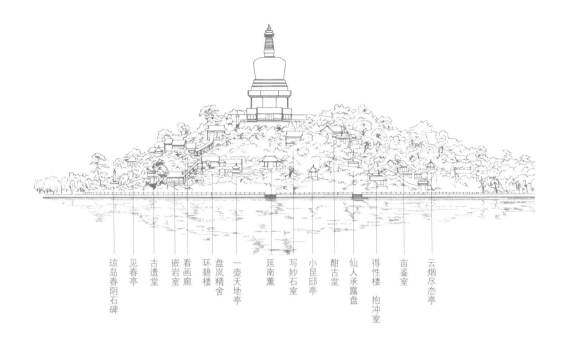

士李少君向他进"祠灶、谷道、却老之方",并鼓吹用黄金做食具能延年益寿,封禅遇仙便能长生不死,武帝信之不疑。

始皇和汉武帝在寻仙不得的情况下,便在宫苑中按传说模拟了神山作为精神的寄托。《三秦记》中载有"始皇都长安,以渭水为池,筑为蓬瀛"。武帝在建章宫周回千顷的太液池中造蓬莱、方丈、瀛洲三岛象征他朝思暮想的神山。传说三神山状如壶,故亦称"三壶"。这种"一池三山"的格局在皇家苑囿历代承传因袭中,几乎成为一种经常出现的构思立题,虽然并无固定的模式。在虚无缥缈间的神山构想,常常是历代画家笔下的题材,绘画又为苑囿中营造神山提供了更直接的创意。许多道家的典籍对神山仙境的描绘,也是苑囿中

图3-3 北京北海琼华岛白塔山北立面图(按胡洁测绘图重制)

琼华岛塔山北坡是琼华岛皇室苑囿精华所在。除琼岛春阴石碑、仙人承露盘、延南薰、云烟尽态亭等十数个著名景点外,地形盘礴、繁复多变,加以各式建筑隐立于山林之间,充分地凸显了仙山楼阁此—皇家苑囿造景主题。

图3-4 北京北海琼华岛塔山北坡全景(张振光 摄)/后页

塔山北坡的建筑布局以仙山楼阁为主题。建筑形式各异,尺度较小,依山势层层叠叠,在山石树木的掩映中有如天宫出自云端。山上多巉岩峭壁、曲洞幽室,以造成仙人山居气氛。山顶原有广寒殿,清顺治时改建白塔,沿岸的弧形延楼是乾隆时仿镇江金山江天寺增筑。

皇 家 苑 囿

蓬莱仙境和九五之尊

筑境 中国精致建筑100

蓬莱仙境和九五之尊

筑境 中国精致建筑100

**图3-5 北京北海琼华岛塔山北坡山洞**（程里尧 摄）

塔山北坡有山洞数条，沿山势盘曲上下，构造十分巧
妙，宛如天成。在洞口多以亭阁掩蔽，洞内宽阔处置
石床、石凳，象征仙人洞府之居。洞内以天然石隙开
口采光，人行其间忽明忽暗，婉转迷离，奇趣横生。

神山创作的浪漫主义脚本，如说月宫中"楼殿台阁与世人不同，门窗户牖，全殊异世"，"皆用水晶琉璃玛瑙，莫测涯际"。《十洲三岛记》中说昆仑仙山有"金石玉楼相群，如流光之阙，光碧之堂，琼华之室，紫翠丹房，锦云烛日，朱霞九光"。追求人间的神仙境界便成为历代许多皇帝锲而不舍的主题。

　　自秦汉以降，苑囿中大凡都有神山的景观，如唐长安大明宫太液池即名"蓬莱池"，池中有神山蓬莱独峙；隋西苑北海中之神山上还建有台榭回廊，宋汴京玉清和阳宫后引沧浪之水，有"瀛洲、方壶、长江、远渚之兴"。

图3-6 北京南海瀛台岛蓬莱阁与牡丹池庭院（程里尧 摄）
蓬莱阁在瀛台岛南部，阁前庭院有彩色琉璃砖砌的牡丹花池，环境十分优雅宜人。庭院南临海即迎薰亭，与主要建筑均在一条中轴线上，其总体布置寓仙岛琼阁意趣。登阁可南望海景，这里是清皇室在禁苑内的避暑之所，康熙、乾隆时曾在此听政和赐宴大臣。

蓬莱仙境和九五之尊

◎ 筑境 中国精致建筑100

金中都大宁宫海子中之琼华岛（即今北京北海之白塔山），绝顶建广寒殿，四周有方壶、瀛洲、玉虹、金露四亭环绕。西坡有虎洞、吕公洞、仙人庵，山南石桥两端有"堆云"、"积翠"牌楼。岛山峰峦嶙峋、怪石峥嵘，整个构思刻意实现一个仙山琼阁的意境。

清代康乾之世的苑囿营造，把追求蓬莱仙境的原始迷信模式更提升到一个艺术的高度，使环境美的价值更高于幻想的慰藉。乾隆时扩建南海之南台岛易名瀛台，与北海之琼华岛遥相呼应，其殿宇规制和气度均极尽辉煌精巧，红墙、黄瓦、白石、绿树相间，虽无山岭之势却俨然天上官阙自云雾中出。圆明园中之"蓬岛瑶台"一景是仿唐李思训画意，是在福海中央布置相距很近的三岛，岛上殿宇高下相属，在晨曦暮霭中，加上三岛倒景，真如虚无缥缈

图3-7 北京颐和园南湖岛
（张振光 摄）
南湖岛在昆明湖南偏东，亦名"蓬莱"，俗称"龙王庙"，因岛上主要建筑广润灵雨祠是祭祀西海龙王的庙宇而得名。南湖岛与湖西部的藻鉴堂、治镜阁二岛合在一起象征海上三仙山。岛的北岸临水高台建筑望蟾阁，以月宫仙境为寓意，其形式原为模仿黄鹤楼，与昆明湖北的佛香阁遥相呼应。岛四面环水，入夜凉风习习，是夏季清居避热佳地，清代皇帝常来此纳凉、赏月。

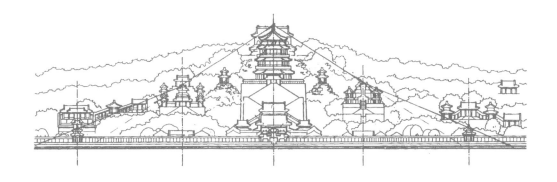

之仙山神阁画意，故乾隆有诗云："海外方蓬
原宇内，水中楼阁浸琉璃。"圆明园中"方壶
胜境"一景，更是一组处于山水之间宏丽而规
整的建筑群，直如琼楼玉宇的神仙幻境。清漪
园在扩大昆明湖时留有三岛，即南湖岛（即今
龙王庙）、藻鉴堂、治镜阁，其形制仍为"一
池三山"。南湖岛主体建筑广润灵雨祠为祭
祀海神龙王处。治镜阁门额为"幽风图画"、
"蓬岛烟霞"，寓意神山仙境。可以说整个昆
明湖与万寿山的山水建筑布局，都是以创造一
个当时能构思出的最美丽环境为目标的。昆明
湖西堤玉带桥是通往玉泉山的水上孔道，在桥
洞西有联云："地到瀛洲星河天上近，景分蓬
岛宫阙水边多"。道出了中国皇家苑囿两千年
来一直追求的"人间仙境"这一永恒的主题。

由于清代皇帝崇拜佛教，特别是喇嘛教，
迷信生死轮回，所以将佛教庙宇引进苑囿，作
为他们祈福求寿、国泰民安和举行许多佛事活
动的场所。如北海琼华岛上元代的道教建筑广
寒殿在清顺治时改建为喇嘛塔，并在南坡建永
安寺；在清漪园后山中央造喇嘛庙"须弥灵
境"，在前山造大报恩延寿寺等等。自然给苑

**图3-8 颐和园万寿山主体建筑群超稳定轴线构图**

皇家苑囿的整体布局为了有别于正宫区之严谨规整，一
般多采用不对称的灵活布局，而建筑规制、用色等亦稍
次于前朝建筑，借以凸显其皇家园林游憩功能的风格特
色。但在主要建筑的规划上，有时仍遵循中轴对称观
念。如图颐和园万寿山建筑群即位于一一中轴线上，左右
建筑组群形成以中为轴、左右对称之超稳定构图。

蓬莱仙境和九五之尊

囿增添了佛教建筑的景观，然而这种以出世为宗旨的宗教思想并未对皇家苑囿的规划设计产生深刻影响。

作为最高统治者的冶游之地，皇家苑囿仍然受到儒家"执中"观念的约束。自秦汉以来，中国人便把自己定位在天地之中，故称"中国"；而帝王之居更在国之中枢位置。按照《易经》方位观确定的九宫图，国之中枢便是九五之数，故皇帝之位称作"九五之尊"，皇宫的布局必以中轴、对称为原则。苑囿之计划虽不像宫殿那样严格，但依然在体现出皇权至高无上的思想，苑中主要建筑群的设计一般均恪守中轴对称的观念。而在总体布局上则表现出灵活的多样性。

例如颐和园万寿山中部佛香阁一组建筑如同众星捧月般的超稳定构图，无论从东西两岸或从昆明湖上眺望，都令人深深感到一种专属于中国皇家苑囿特有的恢宏气势。

图3-9 北京中海水云榭
（章力 摄）
水云榭位于西苑中海的中部，为坐落在湖心的一座精致亭榭。水云榭与北海琼华岛、南海瀛台岛象征蓬莱、方丈、瀛洲海上三神山，是皇家苑囿体现帝王追求永生的象征布局。

四、纳千顷之汪洋

筑境 中国精致建筑100

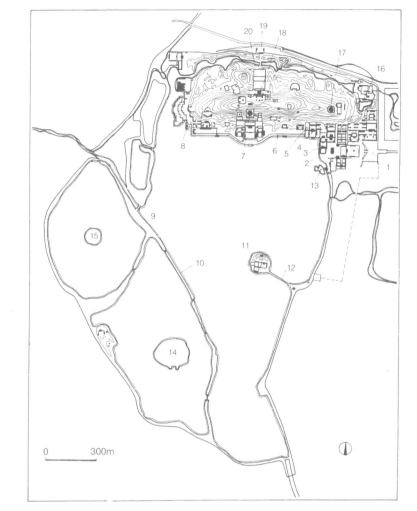

1.东宫门；2仁寿殿；3.玉澜堂；4.乐寿堂；5.扬仁风；6.长廊；7.佛香阁；8.石舫；9.玉带桥；10.西堤；11.龙王庙；12.十七孔桥；13.知春亭；14.藻鉴堂；15.治镜阁；16.谐趣园；17.景福阁；18.须弥灵境；19.北宫门；20.买卖街

图4-1 颐和园平面图

在中国皇家苑囿的营构布局中，水景是不可或缺的景观要素之一。由颐和园平面图可知：由昆明湖及其南湖、西湖汇合形成几占全区四分之三的水景区。湖面辽阔，以东、西堤联系其间，南湖岛（龙王庙）、藻鉴堂、治镜阁象征三神山。整体布局可充分提供帝王消暑游湖等休闲娱乐。

图4-2 颐和园万寿山、昆明湖（张振光 摄）
万寿山和昆明湖是现存的皇家苑园中尺度最大的人工山水。主体建筑佛香阁高踞于万寿山的中央，更加强了山势的宏伟。昆明湖水面浩瀚，堤岛分布疏密适宜，俨然杭州西湖再现。园景远借玉泉山宝塔，使空间无限延展，景色益发旖丽。

　　中国皇家苑囿除了宫苑外一般规模都很大，是世界造园史上绝无仅有的。早期苑囿因狩猎活动所以大得惊人，如汉上林苑中可容千乘万骑之众，隋之西苑规模也有"周二百里"之巨。古代皇帝游苑或苑居时，妃嫔侍从动辄以万千计，故需极大苑囿。即使在清末，其规模也很惊人，如圆明三园（包括长春园、绮春园）有5000余亩，今日尚存的承德避暑山庄面积达8400亩，颐和园也有4300亩，而欧洲最大的皇苑凡尔赛宫面积也不过3000亩而已。

　　山水之乐是中国皇家苑囿的主旨，所以苑囿一般都选址在自然环境舒适和风景优美之地，或山峦叠翠，或清泉弥漫，盖因以天然条件为依托造园可事半功倍。即使在自然条件较逊的平原区，也要假手人工，挖湖堆山，造成可观之景。皇家苑囿经营之人工山水，其尺度都是很大的，不同于民间小空间的文人园林仅能作"小中见大"的主观艺术神游；而更注重于在人造的准天然环境中可游、可居的真实性，要求达致真山真水的空间效果。以造园艺术而言，这种大尺度的山水空间也是与苑囿中许多巨大的宫殿和游憩建筑相匹配的。当我们第一次进入北京颐和园见到碧波潋滟的昆明湖时，很少不为其浩渺无垠的波涛所惊叹。

中华民族对自然山水之美的悟性明显地不同于其他民族，其根源可追溯到远古时期的山岳崇拜。在中国境内的众多各具特色的名山，自古以来便是中国人心目中的洞天福地，故自秦汉以来皇帝便有封禅之礼。儒家把山水比作仁智，对士人以上阶层影响极大，于是山水之乐也变成了仁智之举，成为帝王耗尽民脂营建大规模山水苑囿的口实。中国山水诗、画的杰出成就为苑囿的经营辟划提供了艺术上的理论

图4-3 颐和园后溪河
（程里尧 摄）
后溪河在万寿山北麓，长约1000米，亦称"后湖"，河道忽收忽放，婉转回曲，景色幽邃，是模仿江南水乡景色而造的，与前湖的广阔浩渺之势大异其趣。沿溪泛舟，颇有"山重水复疑无路，柳暗花明又一村"之慨。

图4-4 避暑山庄湖区景色（程里尧 摄）
山庄的湖区由如意湖、澄湖、上湖、下湖、银湖、镜湖组成。湖面由许多洲岛堤桥分隔，景色似断似续，优美宜人。沿湖分布有20余处建筑景点，是帝后经常游玩休息的地方。

和技巧。这些都自然而然地促进了中国造园艺术的发达。与西方传统的造园相比，中国经营山水与西方专注花木的不同取向，应该说是不同民族原始思维方式乃至宗教、哲学之差异而使然。西方创世说的伊甸园中"生命树"、"善恶树"的想象，构建的是一个维持人类生命、智慧的理想环境，注重于环境的物质功利，于是演进为对蔬果植物的栽培科学。其造园方法多表现于对植物的修剪、装饰效果，这与中国苑囿乃至民间造园专注山水经营的空间环境相比，是完全不相同的。

山水经营之道是挖池堆山，把挖出的泥土堆成假山，既能创造有如天然的景观，又能减少土方的运输，实为最理想的节力、省时的最佳造园方法，所谓"山不让土，水不择流"。挖池堆山并无定式，均结合实际地形水势进行开发疏导以成可观之景，故清代的皇室诸苑之景观均各具特色。

大面积的水景是皇家苑囿不可或缺的景观要素，所以苑囿一般都在水源丰富之地，以便稍加疏浚整理即能形成可观之景。水不但有四季晨昏多变的观赏价值，还可泛舟、冰嬉，是皇家苑囿中的重要娱乐活动场所。

承德避暑山庄地形多变，有峰峦峡峪、茂林绿茵、温泉汇聚，将低洼处稍加疏浚整理便形成天然婉转的大小湖区，在仲秋时节每当清晨薄暮，湖面雾气蒸腾，景色如幻如梦。清漪园在元代即为瓮山风景地区，其大泊湖与玉泉、龙泉水系相通，经清代进一步扩大，并结合北京城的蓄水之需，开拓湖面并且用挖湖的土延长和加高山势，形成了有清一

图4-5 北海五龙亭（张振光 摄）

五龙亭在北海北岸西侧，五亭建于近岸水中，相互错落，有曲桥连接，成为北岸的重要景观，与海东的琼华岛成呼应之势。五亭以中间的龙泽亭为主体，采用下方上圆的重檐尖顶，是皇帝专用的钓鱼处。东西两侧的四亭，屋顶形式采用重檐方顶和单檐方顶，其规格和尺度依次降低，是大臣陪钓处。清初帝后常在此纳凉消暑。

图4-6　南海迎薰亭（程里尧 摄）
迎薰亭在瀛台岛的最南端的水中，将小桥与大岛相连，隔海与南岸之宝月楼相望，是观赏南海风景的最佳处。亭中有联句："相与明月清风际；只在高山流水间"。此建筑虽名为亭，而四面封闭，如水中之榭。四面有歇山顶的抱厦，尺度小而造型复杂，以巧取胜。

代最大的人工湖和假山。清漪园水景的开拓巧思还在于使湖水绕山而北，在山后开凿出一条如江南水乡景色的后溪河，屈曲婉转、幽邃恬静，与山前浩瀚而明媚的水面恰成强烈对比，给游者带来迥然不同的艺术感受。

被誉为万园之园的圆明园，其山水结构又是另一种形式。圆明三园（包括长春、绮春二园）虽有园墙分开而水系实为一体，并且都是以水景为主的苑囿，其山水分布有如千山万壑，湖泊的水系星罗棋布，形成园林的骨架，然后点染亭榭花木，如同作画，足资证明是"山得水而活，水得山百媚"的绘画理论在苑囿中的真实体现。圆明园中的假山尺度均不大，一般不超过10米，连绵婉转，形成许多封闭和半封闭之山环水抱的空间环境，以此为依托布置千姿百态的建筑群是圆明园最重要的特点。

五、园中之园　多方景胜

皇 家 苑 囿

园中之园 多方景胜

筑境 中国精致建筑100

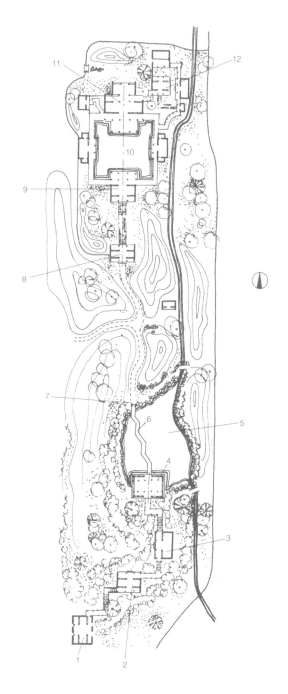

1.大门；2.云岫；3.崇椒；4.濠濮间；5.水池；
6.石桥；7.石牌楼；8.宫门；9.春雨林塘；
10.水池；11.画舫斋；12.古柯庭

图5-1 北海濠濮间、画舫斋平面图

图5-2 北海濠濮间（张振光 摄）
濠濮间在北海东部，是一处以山石环抱、小池为景的封闭小园。主体建筑为一伸入水中的敞榭，有曲尺形平桥跨池通至北岸的石牌楼，整体环境十分清幽，身处其间似可绝尘想，故以东晋简文帝入华林园名句"濠濮间想"为名。清末慈禧常来此消夏，听艺人说书唱曲，或与妃嫔作投壶之戏。

　　较大的离宫一般都有明确的区划。在清代康乾苑囿兴建的高潮期，离宫一般都包括三个部分：宫廷区、苑居区和游览区，如圆明园、颐和园、避暑山庄等。宫廷区和苑居区是皇帝苑居时接见王公大臣、处理朝政和生活之所，一般按"前朝后寝"的传统制式，但也根据实际环境而灵活处理。如颐和园中帝后居住的寝宫既靠近宫廷区仁寿殿一组建筑，又临靠昆明湖之东北岸而便于赏景，表现出离宫建筑布局的灵活性；而避暑山庄则属较传统的前朝后寝的制式。

　　游览区是苑囿之主体，而苑囿之山水形势多异，故不可能有固定格式，一般来说，较大的离宫都可再划分为不同风景特性的游览区域。如圆明园这座以水景著名的苑囿，可以认为是由福海景区、后湖景区、河网区及北面狭长景区四个部分组成。而颐和园的游览区主要由山前区和后湖区组成。避暑山庄则可分为山岳区、湖区和平原区，如此等等。

苑囿的擘划多出自画师之手，故园景之设计一如作画之经营布局。就园中景物和游览路线之计划而言，实为一动观与静观相结合的时空艺术。游园活动则很像观赏徐徐展开的横幅画卷；若静坐于一室或亭榭中观景，便如看册页画了。

苑囿游览区由若干景物组成，"景"的观念为中国传统风景艺术之精粹。中国古代造园家不像西方所具有的精确而静止的空间观，而是一种呈线形运动的时空观，如同中国戏剧的场景展现。较大的皇家苑囿中均有许多著名的"景"，如圆明园中有100余景，其中著名者40景，有乾隆皇帝题咏，沈源、唐岱绘制的

图5-3 北海静心斋
（程里尧 摄）

静心斋在北海北岸，是一座十分精雅的小园。主座后为池沼、假山，亭廊桥榭参差。此园是乾隆特受江南文人园影响而建，他常在此听喇嘛讲经；也是后妃们礼佛游园时休息、进食之所。此处旧名"静清斋"，袁世凯执政后翻修改今名。

图5-4 北京南海静谷（程里尧 摄）
静谷是南海北岸西部的一个小园。园内屏山镜
水，云岩奇秀，竹柏葱茏。此为模仿天然形态的
一湾小池，池中置天然步石，睡莲点缀，饶有野
趣，显然是受江南文人园的影响而建造的。

园中之园 多方景胜

筑境 中国精致建筑100

《圆明园四十景图》留世。承德避暑山庄中有康熙、乾隆钦定的72景。颐和园中至少有50余景。

"景"一般由建筑物为主体形成，或单个，或组群，而具有观赏价值的一石一树也能成景。"景"或称之为"景点"，分布于苑囿的适当部位，参差错落而互相资借，于是形成足征大观的苑囿景观。

在苑景之中有一类自成一格的封闭小园，称作"园中之园"，是中国皇家苑囿的重要创造。此类小园为帝后游园时提供不同趣味和性格的游憩环境，如读书看画、饮宴娱乐、观鱼垂钓等遣兴散怀之所。在苑中设园的做法最早出现于隋西苑之十六院，在院中穿池养鱼、莳花栽竹，并住美人供炀帝享乐；发展到清代

图5-5 南海流水音
（程里尧 摄）
流水音在南海的东北岸，是一个假山环绕的水庭，池西有亭建于近岸水中。清代这里曾有飞瀑下注池中，淙淙有声，故乾隆皇帝题写"流水音"为名。亭内地面有九曲水槽，系沿古代"曲水流觞"习俗，是帝王附庸风雅之举。池东有日知阁，旧时阁下有一水闸。这里曾是皇帝与群臣游宴赋诗之所。原来的一些建筑如素尚斋、千尺雪、鱼乐亭、交芦馆、蕉雨轩、云绘楼等今均不存。

图5-6 北京香山静宜园见心斋平面图

1.知鱼亭；2.见心斋；3.水池；4.北敞厅；
5.爬山廊；6.北配房；7.正凝堂；8.方亭；
9.畅风楼

康、乾时期，苑囿中再设小园的造园方法成为较固定的模式，而其实质已进步为皇帝以文化自娱的特征，并与苑囿之景观全局相表里。《红楼梦》中对大观园的生动描绘，从一个侧面说明园中之园设计方法的普及，如潇湘馆、蘅芜院、稻香村等十余处小园均是。圆明园的布局设计是运用园中之园方法的典范，其各种景点几乎均为小园的格局，其中著名者如濂溪乐处、西峰秀色、廓然大公、武陵春色、狮子林等，不胜枚举。北京苑囿中尚存者如北海之静心斋、濠濮间，中南海之静谷、流水音，颐和园之扬仁风、谐趣园等均是。

**图5-7 香山静宜园见心斋**（程里尧 摄）/上图

见心斋在静宜园北部，是一座依山傍水的园中之园。园依地形由高低不同的三级庭院组成。此为第一级庭院，是一个由建筑物围成的椭圆形水院，主体建筑名"见心斋"，坐西面东，其西北侧有弧形爬山廊沟通上下，布局灵活巧妙。

**图5-8 颐和园扬仁风**（程里尧 摄）/下图

扬仁风在颐和园乐寿堂的西北侧，是乐寿堂的附属小园，供慈禧暇时来园小憩。园中主殿及窗、宝座、香几、宫灯均呈扇形，以突出宣扬扬仁风主题。园内有假山、池沼、朱栏、粉墙，俨然江南园林景色。

图5-9 长春园西洋楼远瀛观遗迹（程里尧 摄）
圆明园之长春园西洋楼建筑群是乾隆皇帝为猎奇
欧洲建筑艺术而造，自1747年始历13年完成，
主要建筑有谐奇趣、海晏堂、方外观、远瀛观和
大喷水池等，均为欧洲文艺复兴、洛可可式。此
为远瀛观入口处石柱、檐口、台基残迹。

　　景名具有提示景观环境的意境作用，特别是在清代皇家苑囿中注重宣扬、标榜和警示的意义，所以多由皇帝钦定，有许多是取自历代学问家之名言、警句，糅杂儒、道、佛的各种思想，其中也不乏遣兴写景的佳作。书之为匾、联，悬挂于门额或楹柱上，也有很强的装饰作用。如颐和园中的"水木自亲"引自东晋简文帝游华林园名句，是对景而发。"扬仁风"为宣扬仁义道德之风尚。"赤城霞起"引杜甫诗"东来紫气满函关"，寓老子过函谷之轶事。圆明园中的"濂溪乐处"是以避世隐遁为主题。"慈云普护"是佛寺道观的写意。"廓然大公"出于程颢语："君子之学莫若廓然大公"。"涵虚朗鉴"引自《水镜赋》："利济者水，涵虚者镜"。不胜枚举，足见清代苑囿所囊括的中华文化多元内涵之深刻。

　　苑中之许多小园和景点以路径或水道相连，用以形成不同的游览线。一座巨大的苑囿是具有许多可供选择的游览线的，事实上皇帝只能因"兴"因"时"选择一次游园的路线，例如咸丰帝在圆明园被毁前两年（1858年）七月的一次游幸活动。时值北京盛夏，有大臣七人陪同，以骑马代步。这次他选择了感兴趣的圆明园北部、长春园西洋楼、狮子林、福海、绮春园敷春堂，至含辉楼结束。

六、浓缩天下美景

秦汉时宫室苑囿的布局以天汉星象和仙山为象征，至魏晋隋唐，又以五岳、五湖、四海为模拟，均表现了统治者对皇权无边的幻想。至宋，文化艺术趋向精雅，诗画融入园林，皇家苑囿趋向更具人性的景观空间塑造，乃转向对华夏名山美景的追求和模仿，是谓"人间天上诸景备，移天缩地入君怀"。宋徽宗在《艮岳记》中说："天台、雁荡、凤凰、庐阜之奇伟，二川三峡云梦之旷荡，四方之远且异，徒务擅长一美，未若此山并包罗列又兼其绝胜。"艮岳是模仿杭州凤凰山的形势而又兼容并包各方之美。在中国皇家苑囿营建的历史中，真正实现移天缩地壮举的莫过于清代康、乾之世了。康、乾二帝均多次巡幸江南，足迹遍大江南北，他俩对江南美景不能忘怀，命画师将名胜之地绘成图稿携归北京，并仿建于北京和承德的苑囿中。如圆明园福海四周诸

**图6-1 颐和园西堤**
（程里尧 摄）

西堤在昆明湖西侧，沿堤有六桥，是模仿杭州西湖苏堤的意境而造的。这条长堤将昆明湖划分为里湖和外湖两部分，也很像西湖的构成，只是规模较小。这条长堤使昆明湖显得更为浩渺，与西面玉泉山远景组成一幅极美妙的画面。人在堤上行走如入画境，是园西的最佳观赏动线。

图6-2 颐和园小西泠（程里尧 摄）

小西泠在万寿山西麓，是衔接前湖、后湖的一座小岛。其东侧为曲折形河道，名"万字河"，是模仿苏州、扬州一带水街形式。此为岛西面水域，是模仿扬州瘦西湖胜景"四桥烟雨"。临水建筑点缀什锦花窗和粉墙，是把北方民俗与江南水乡结合在一起了。

**图6-3 扬州瘦西湖**
（张振光 摄）

瘦西湖位于江苏扬州西北部，是隋唐以降人工开凿的水道，原名保障河。据传因清代诗人汪沆诗句"故应唤作瘦西湖"而改今名。在江南著名水乡中，瘦西湖以清癯逶曲为其特色。昔时乾隆皇曾由水路遍览湖区各景，今有著名二十四景传世。圆明园时期的西北部景区即是摹写瘦西湖之湖光景致。

景，有"双峰插云"、"平湖秋月"、"三潭印月"、"南屏晚钟"、"雷峰夕照"5个景点，而且整个福海景区就是樟仿西湖风景淡雅清新格调的。"上卜大光"一景则取法于云梦大泽，有凌空俯瞰、一碧万顷之势；"坦坦荡荡"一景是仿杭州玉泉观鱼设计的；"慈云普护"以浙江天台为蓝本；"西峰秀色"有小匡庐之意趣；"坐石临流"是冉垷绍兴兰亭。圆明园的西北部景区则是对扬州瘦西湖清癯逶曲风格的模拟。

北京颐和园的万寿山和昆明湖以及其他许多景物，也都是对杭州西湖和江南景观的缩写和转译。昆明湖的形状和堤、岛分布很像杭州西湖，万寿山亦如西子湖畔的孤山。昆明湖的西堤六桥是对西湖苏堤六桥的再现。颐和园的整个山水景观亦如西子湖有"山色空蒙雨亦奇"的诗意画意。所以乾隆有诗曰："背山面水地，明湖依浙西；琳琅三竺宇，花柳六桥

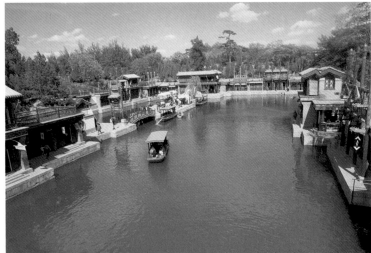

**图6-4 岳阳楼**（章力 摄）／上图
位于湖南岳阳西北的岳阳楼，是建于岳阳门上，江
南三大名楼之一。西临洞庭湖，景致秀逸。原建筑
已不存，现楼为清光绪五年（1879年）重建。三
层盔顶，平面为长方形，高19.72米。清漪园时期
的"春和景明之楼"即仿岳阳楼而建，其意即在以
昆明湖追摹洞庭的烟水迷离之致。

**图6-5 颐和园买卖街**（程里尧 摄）／下图
颐和园后溪河买卖街，即是写仿苏州水街风貌。

筑境 中国精致建筑100

图6-6 杭州西湖景致
（蔡红 摄）
上有天堂，下有苏杭。在历代骚人墨客眼中，杭州西湖始终保持着温柔婉约、风情款款的丰姿。清朝帝家亦往往南巡至此、乐而忘返。在皇家苑囿浓缩天下美景的造园手法上，西湖景致自然是不可少的。如圆明园时期的福海景区，颐和园的万寿山、昆明湖等，即是对西湖风光的再现与诠释。

堤。"颐和园西堤南段在清漪园时有"春和景明之楼"，是仿岳阳楼而建的，欲使昆明湖呈现洞庭烟水迷蒙之态。昆明湖上十七孔桥有一联云："烟景学潇湘细雨轻航暮屿，晴光总明圣软风新柳春堤"。

上联即指潇湘烟雨，下联指西湖苏堤春晓一景。颐和园万寿山北面长1000米的后溪河（后湖），依山势婉转逶迤，其中段为夹河的"买卖街"，是模仿苏州水街的风貌。小西泠一带是扬州"四桥烟雨"的写意。

当然，清代皇家苑囿中的模拟各地胜景只是神似的写照，而不是依样画葫芦。所以乾隆曾说"略师其意，就其天然之势，不舍己之所长"，是"以北方雄健之美，抒写江南柔美之情"，道出了造园艺术之真谛。

七、写放天下名园

写 放 天 下 名 园

中国精致建筑100

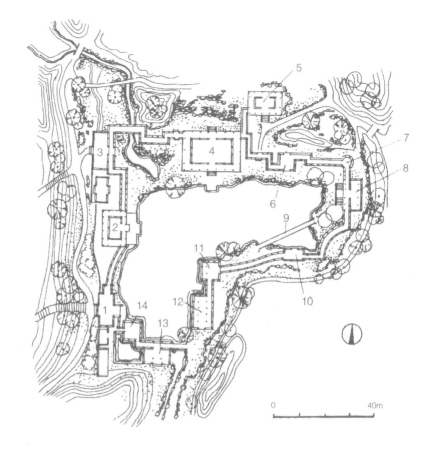

图/ 1 颐和园谐趣园平面图

1.园门；2.澄爽斋；3.瞩新楼；4.涵远堂；5.湛清轩；
6.兰亭；7.小有天；8.知春堂；9.知鱼桥；10.澹碧；
11.饮绿；12.洗秋；13.引镜；14.知春亭

图7-2 颐和园谐趣园（程里尧 摄）
谐趣园在万寿山东麓，是乾隆帝仿无锡寄畅园建造的，1860年被毁，光绪时重建。园以荷池为中心，即寄畅园锦汇漪的意境，环池堂榭亭廊，一步三转，景色多变，园虽小但有曲折不尽、空间无限之感。慈禧园居时常到此钓鱼取乐，尤为盛夏清赏纳凉之所。

史载："秦每破诸侯，写放其宫室，作之咸阳北阪上"，这是写放建筑之始。当时咸阳北阪上的宫室不下一百余处。所谓"写放"，就是将各地诸侯不同形式的宫室绘成图样，然后依样建造。苑囿中写放各地名园是清代皇帝乾隆的创造。乾隆曾6次巡幸江南，将途中所见名园命画师绘图携归，在以后的苑囿建设中利用这些资料，营造了许多以各地名园为蓝本的园中之园，为中国造园史上留下了辉煌的一页。今日尚存者如颐和园中之谐趣园，是仿无锡之寄畅园；承德避暑山庄之烟雨楼，是仿浙江嘉兴烟雨楼；文津阁是仿宁波天一阁；金山是模仿镇江之金山寺。已毁的如：圆明园中之鱼乐园，是仿杭州玉泉观鱼；长春园中之茹园是仿南京瞻园；避暑山庄之文园狮子林是仿苏州狮子林。其他如北海之静心斋、濠濮间，

图7-3 颐和园谐趣园知鱼桥
（程里尧 摄）

知鱼桥在荷池东部，其布置亦模仿寄畅园之七星桥，而以庄子和惠子在濠梁上辩论是否知鱼之乐的典故为主题。桥形直而贴近水面意为观鱼，其东端立一小石坊，造型古朴；坊上镌有乾隆撰写的许多关于"知鱼乐"的诗文。

南海之静谷、流水音等，虽未明确仿效江南某一具体名园，而实为受江南文人园之影响而建造。所以，乾隆皇帝对促进中国造园艺术之南北大交流，其功实不可没。长春园北部仿造的欧洲巴洛克式宫殿为圆明三园增添了异彩，可以说是乾隆时期写放艺术的极致，表现出这个伟大的政治家兼艺术家皇帝不排斥外来文化的宽阔胸怀。

写放名园如同浓缩天下美景一样，并非照抄照搬，特别是造园更不能脱离一时一地的物质要素而姿意为之，依样画葫芦亦有悖于艺术之原则。所以清代苑囿中的模仿名园不过是师其意趣和大体形势，从而激发对某一名园的回味或联想，仅此而已。以下兹以脍炙人口的颐和园中之谐趣园为例：谐趣园在万寿山之东麓，乾隆时名"惠山园"。惠山即指无锡西郊之惠山，惠山麓有名园"寄畅园"。《日下旧闻考》载："惠山园规制仿寄畅园"。原惠山

图7-4 避暑山庄烟雨楼（程里尧 摄）/上图

烟雨楼在澄湖和如意湖之间、如意洲北部的一个小岛上，是模仿嘉兴烟雨楼而建的。楼的造型朴素大方，北面临湖，成为湖区的主景之一。每当暮秋初冬，湖上雾气蒸腾，或盛夏烟雨迷蒙之际，登楼观景，宛如置身于云雾之中。

图7-5 烟雨楼西南侧外景（程里尧 摄）/下图

烟雨楼入口在南侧，楼前为一封闭小庭院，周以粉墙，点缀什锦窗十个。院旁有青杨书屋，是皇帝习文读书之所。院内外有青松如盖并配置假山小亭，构成一幅多彩的画面。

写放天下名园

筑境 中国精致建筑100

园于1860年英法联军之役被毁，光绪十八年（1892年）重建，增建涵远堂、知春亭、引镜等堂榭，原惠山园之池北假山的自然风貌今已不见，而代之以后来增建的密集建筑风格。

乾隆时惠山园以水池为中心，池东有载时堂，北有墨妙轩，西有就云楼，南有湖碧斋。池东南有水乐亭、知水桥。就云楼东有寻诗径，旁有玉琴峡。乾隆曾新署"惠山园八景"，并赋《八景诗》。据诗云，惠山园对寄畅园之模仿不过是"肖其意于万寿山之东麓"，此处低洼可引后湖水穿峡跌落，并能借景西山，颇似寄畅园中之八音水涧和远借锡山景。谐趣园之水池即寄畅园之锦汇漪；池东之知鱼桥亦寄畅园之七星桥。

图7-6 避暑山庄金山（程里尧 摄）

金山是在上湖与澄湖之间东岸的一个小岛，其建筑布局是模仿镇江金山江天寺——以建筑包裹山头层层递升的意趣。山顶建阁，八角三层，名"上帝阁"，俗称"金山亭"，阁中供奉真武帝和玉皇大帝。登阁可纵览湖山胜概。阁前下方是天宇咸畅殿，再下是镜水云岑殿，可经环山曲廊下至门殿，最下至湖滨有登舟小码头。

八、琼楼玉宇　山水生辉

琼楼玉宇　山水生辉

筑境 中国精致建筑100

中国古代皇家苑囿中宫殿的华丽程度是我们现代人难以想象的。古籍中载，汉建章宫中有玉堂，堂有三重玉门，阶陛用玉做成，屋顶饰以黄金铜凤，橼头镶以璧玉。未央宫用黄金做壁带，镶以和氏玉。后赵石虎造楼，"以珠为帘，五色玉为佩"，玉佩风动撞击发出音乐般的声音。早期，建筑形式和材料比较单一，故借助贵重的材料来表现建筑物的豪华和等级高低，可能是唯一的方法。发展到中、晚期，特别是到了清代，木结构的官式建筑已精巧绝伦，建筑美的表现方法已大大拓宽，大量用金玉装饰的方法已无必要了。

皇家苑囿作为对严肃的宫廷生活的一种松弛力量，历来为中国帝王所重视，到了清代苑囿建筑的布局设计，便有意打破宫廷建筑严谨对称的格局，采取了自由活泼的方法，与山水

图8-1　颐和园乐寿堂内景（程里尧 摄）

乐寿堂是慈禧在园内的居所，位于昆明湖的东北隅，是一座临湖的封闭庭院，其门殿额题"水木自亲"，门外有登船码头。堂宇宽大敞亮，正中开间设宝座御案和螺钿镶嵌的松鹤屏风，四周设放春用的九桃大铜炉。东套间是更衣室，西套间是卧室。堂内陈设极尽豪华，多为翡翠、珊瑚、象牙、珍珠工艺品。

**图8-2 颐和园长廊**（程里尧 摄）

长廊在万寿山南麓，沿湖北岸，东起邀月门西至石丈亭共273间，长728米。这条长廊原是乾隆皇帝为其母欣赏"西湖雨景和雪景"而造的。长廊以排云门为中心，东西对称分布留佳、寄澜、秋水、清遥四座八角重檐小亭，如同一条优美轮廓线的纽带，把山前区分散的建筑群统一在一个整体构图之中。四座小亭不但具有美化作用而且还是廊间结构的有力支撑。长廊的梁枋上绘有14000余幅彩画。

**图8-3 颐和园石舫（程里尧 摄）**

石舫在长廊西端近岸湖中，名"清晏舫"，寓意"河清海晏，时事升平"。舫长36米，底座用巨大石块砌造。上面为两层独舱楼，原是中式，1893年改建成今之西式楼；窗镶五色玻璃，花砖地面。乾隆在《石舫记》中说："涌金漪而月洁，凝玉镜而冰寒。四时之景不同，朝暮之观屡易。"他常陪母在此钓鱼、放生。

花木能更好地结合，形成许多各具特色的空间环境。

建筑物在苑囿中具有十分重要的地位，这不仅因建筑可为统治者提供各种娱乐、游憩的空间，而且建筑本身即具有美的欣赏价值。发展到清代，苑囿中建筑物的数量之多和形式的千姿百态达到了惊人的地步。可以说清代苑囿是中国官式木结构建筑形式之总汇。无论是平面形式、立面构图，还是建筑群体组合的技巧等，都达到了空前的高度。

中国木结构建筑是以柱间的矩形面积为基本单位的，这是一种最便于建造和利用的建筑平面形式。

中国传统建筑不论是寺庙、宫殿、住宅等都是以矩形为基本单元，然后按照形制组合成封闭的庭院空间，从而形成中国建筑着

图8-4 颐和园转轮藏（张振光 摄）
转轮藏作为佛香阁陪衬建筑之一，立于其东侧山坡之上，正殿为二层三重檐，内置八方塔一座。在正殿的东西两侧各有一个二层小亭，内置木塔，塔贮经文，中心有轴，推之可转。皇帝后妃祈祷时每推动一次表示将塔中经文全念了一遍，此为喇嘛教之"转经"。

重群体显示建筑性格的民族特色。皇家苑囿中的许多建筑群体同样是以这种简单的矩形建筑为基础，创造出明朗、自由、活泼和各具特色的群体，与宫殿建筑的对称、均衡和严整的特性具有极大的反差。清代苑囿刻意追求建筑群体的多样变化，例如圆明园中的100余处建筑和颐和园中的50余处建筑，都各出新意，绝不雷同。

　　单一的矩形建筑必然令人乏味，所以古代的匠师把矩形建筑演化出许多变化形式，如"目"字形、"中"字形、"田"字形、

琼楼玉宇　山水生辉

⊙ 筑境　中国精致建筑100

**图8-5 颐和园赤城霞起城关**（程里尧 摄）

赤城霞起城关在万寿山东麓，是进山隘口的一座
门关。在关城之上耸立一座重檐方亭，实属一种
建筑之戏剧手法。北面额镌"赤城霞起"，指天
台山之朝霞；南面额镌"紫气东来"，寓老子过
函谷关故事，是对关城的联想。

**图8-6 南海八音克谐亭**（程里尧 摄）

八音克谐亭在瀛台岛的西南隅，是建于湖石假山
上的一座不等边的八角小亭，四周围以琉璃砖
栏，造型优美而别致。这里是苑中演奏音乐的地
方。"八音"泛指乐器，包括金、石、丝、竹、
匏、木、革、土八类。

"十"字形、"日"字形、"工"字形、"土"字形、"回"字形、"弓"字形、"卍"字形等等，这些与中国方块字相似的建筑平面形式，甚至因为含有某种寓意而耐人寻味。其他如圆形、扇形、六角形、八角形、菱形等也是苑囿中常见的建筑形式，但多用于亭阁一类较小的建筑物。

皇家苑囿中的建筑属于娱乐休闲性质，故一般典雅而不华丽，端庄而不雄伟，康熙皇帝曾说："无刻桷丹楹之费，嘉林泉抱素之怀"，其初衷还是趋于朴素无华的，如避暑山庄中的建筑物那样，苑囿建筑不要求表达皇权至上的观念，因此宫殿中最高等级的四坡庑殿式屋顶在苑囿建筑中是不用的，而代之以歇山式屋顶，且大量采用悬山、硬山一类等级较低的屋顶。苑囿中建筑一般都不起屋脊，用曲线形的卷棚式代替，这种柔和的屋顶曲线形比僵硬的脊线更易于与山水环境融合。

中国建筑长期以来形成的具有符号意义的形式，如亭、台、楼、阁、堂、榭、斋、舫、关、桥、塔等等，在皇家苑囿中都能见到，分散于景观之中，各得其所。这些具有造型特征的建筑一般都与地形环境密切结合，如同中国山水画中之点缀。如亭宜观景，堂宜开阔，轩宜高敞，榭宜临水，斋宜明静，楼宜高耸。特别是廊这种线形建筑，是园林建筑中最活跃的因子，在使用上既宜晴又宜雨，既能爬山又能跨水，更宜于建于平地，可随机应变、不拘形式，故在苑囿中得到最广泛的应用。

建筑的色彩构成是形成苑囿景观特色的重要因素之一。中国官式建筑的色彩运用在清代已达到十分纯熟和定型化的程度。苑囿建筑的色彩与宫殿建筑相比，主要是将黄色琉璃瓦屋顶大大减少，而代之以灰色的瓦屋顶，灰色更适于与山水的绿色相协调。主要建筑仍用琉璃瓦以强化皇家气派，但常作剪边（镶边）处理，或黄瓦绿边，或绿瓦黄边，都是以活跃色彩、减少单调为目的。其次是增加建筑上的绿色调，如将大量的廊柱用绿色而不用宫殿建筑中之红色，既增强了建筑自身的色彩对比，也更能与周围的自然环境和谐。

建筑檐下部分和梁枋彩画，在苑囿建筑中也是很有特色的。苑囿中一般不用宫殿建筑

图8-7 避暑山庄水心榭（程里尧 摄）
水心榭位于山庄东南湖区，是下湖与银湖之间水闸上的三座亭子，原为控制水位的闸门。康熙时在此架设石桥，并建亭榭三座。中间的为重檐歇山卷棚，两边的为重檐攒尖式，结构布局均衡对称。水心榭利用水闸上方空间以建筑造景和作为赏景的最佳位置，成为湖区的胜景之一。每当薄暮或清晨，憧憧亭影，景色迷人。在盛夏时节，此处荷香阵阵，清风徐徐，是消暑佳地。

图8-8 北京故宫御花园堆秀山（张振光 摄）
堆秀山位于御花园东北，为一人工堆砌湖石假山，其上有御景亭，假山东侧有蹬道沟通上下，内部亦设石阶可盘旋登顶至亭。

上庄重而金碧辉煌的和玺彩画和旋子彩画，而采用以山水、花鸟、人物故事为内容的苏式彩画。例如著名的颐和园长廊梁枋上的苏式彩画共14000余幅，其中西湖景有500余幅，是乾隆6次南巡时派如意馆画师在西湖写生取得。人行于廊间既可赏景又可看画，如影随形，相得益彰。慈禧于1889年重建颐和园时又派画师去西湖写生，重绘长廊彩画西湖景。

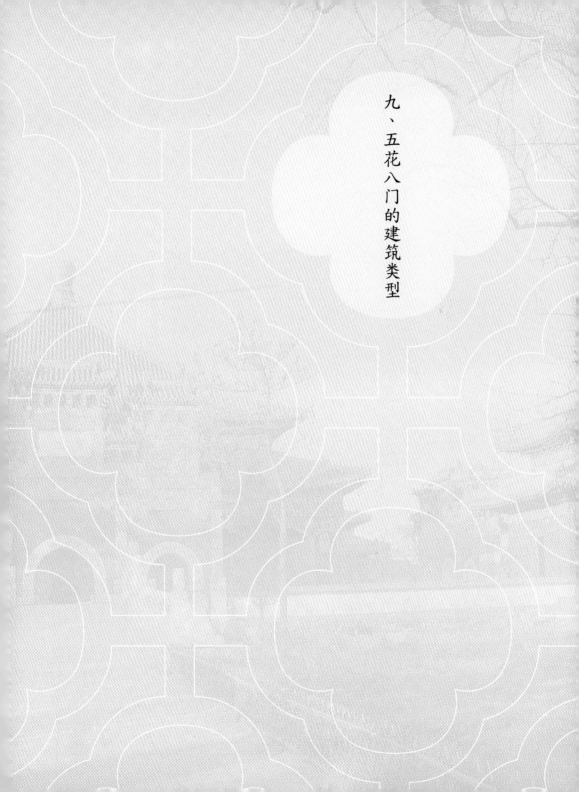

九、五花八门的建筑类型

大型皇家苑囿除作为帝后赏园游憩之地外，实际上还是皇室进行许多活动的场所，诸如佛事、祭祀、看戏、藏书、戏剧化的购物等等。

元、明以后，苑囿中常设寺庙道观一类建筑，至清代几乎大型苑囿内均有佛寺，特别是喇嘛庙，主要是清代皇帝笃信佛教，故苑中设庙即如家庙，可以经常举行各种佛事、祈寿、降福却灾或应时庆典等。如避暑山庄内有永佑寺、鹫云寺、珠源寺；圆明园中有舍卫城（亦称"佛城"），所藏之金玉佛数以万计；畅春园有恩佑寺、恩慕寺；清漪园有须弥灵境；禁苑北海有永安寺、西天梵境、阐福寺等。在苑中建寺也掺杂着以孝治国的思想，如北海之极乐世界万佛楼是乾隆为其生母孝圣皇太后祝寿祈福而造的，此处总称"小西天"。颐和园之佛香阁在原清漪园时是大报恩延寿寺的大佛塔，也是乾隆为其母

图9-1 颐和园须弥灵境
（程里尧 摄）

须弥灵境在万寿山北坡中部，俗称"后大庙"，是一组庞大的佛寺，构成从北宫门入园的主轴线。这组建筑立于层层叠起的高台之上，气势宏伟，其布局以佛教之须弥山为象征。"须弥"为佛教神山，坏以四海，海中有"四大部洲"和"八小部洲"。主体建筑香岩宗印之阁居中，四周环列许多藏式碉房和喇嘛塔，为一汉藏混合的建筑群。清漪园时的佛寺已毁，光绪年间仅复建了主殿和门殿，但已非原貌，近年增建了四周的小桥和碉房。

**图9-2 颐和园德和园大戏楼**（程里尧 摄）/上图
德和园在仁寿殿北，主要指由北侧的颐乐殿和南侧的大戏楼
组成的庭院，东西两侧是翼廊环抱。颐乐殿是慈禧专用的观
戏殿宇，东西两廊王公大臣坐处。慈禧生日时要连唱九天
戏。大戏楼高21米，上下三层台，中层是乐队伴奏处。

**图9-3 颐和园后溪河买卖街**（张振光 摄）/下图
买卖街在后溪河中段长桥的两侧，全长270米，布局模仿江
南水乡市街夹河的景观特色，原有建筑全毁，这是20世纪
80年代重建的。买卖街在清漪园时有店铺二百余间，全为
北京传统的店面式样。春节期间帝后以及大臣王公们来园时
开放买卖街，由太监充当各色人等，自市肆输入商品向王公
大臣转售，是供皇帝取乐的仿真的热闹活动。

祝60寿辰而造，后因倾斜而改建为楼阁。与佛事有关的活动，如北海之西天梵境是喇嘛为帝后讲经之处；大西天是译经书和刻经、印经的经厂。中南海之万善殿(蕉园)在明代是每年七月十五日举行盂兰盆会放河灯处。其他如尼庵、旃檀林、花神庙、文昌阁、关帝庙、土地庙等一类民间常见的祠庙，在苑囿中亦多有所见。

清代苑囿中的建筑形式多已汉化，或采取汉藏混合式样，如清漪园之须弥灵境在传统汉式庙宇中设置四色塔、八小部洲等喇嘛塔。这类塔以其独特的形式为苑囿增添了特殊的景观。特别是禁苑北海琼华岛上的白色喇嘛塔，以其罕见的造型而成为禁苑乃至北京城的重要标志。

北海之先蚕坛是祭祀蚕神嫘祖的坛庙。在方形坛的东、西、北三面栽种桑林，由后妃们在此隆重祭祀，以示不忘衣被之源。

藏书楼为苑囿中特殊类型的建筑，是清代皇帝专用的图书馆。如圆明园中之文源阁，承德避暑山庄的文津阁，收藏《古今图书集成》和《四库全书》，都是按宁波天一阁形式建造的。这类建筑都覆以黑色琉璃瓦，取避火之意。阁前有水池可供消防，池南有大假山，形成十分清幽雅致的环境。

大型苑囿中一般都设戏楼，主要是演出京剧的舞台，如圆明园中的同乐园、避暑山庄中的清音阁、颐和园中的德和园。这类建筑均为坐南面北，北、东、西三面为殿宇，是帝后观戏

图9-4 北海极乐世界（程里尧 摄）

极乐世界在北海的西北隅，俗名"小西天"，是乾隆皇帝为其母六旬时修建的祈福求寿的佛殿。殿为方形重檐屋顶，四隅有一个方亭，四面各有一五色琉璃牌楼，四周又环以石渠，各跨小石桥一座，布置对称严整，端庄华丽。殿中以供观世音菩萨为主，还有一个巨大的泥塑灵鹫佛山的模型和500尊罗汉像。

处。戏楼建筑十分高大，可达20米，有上下三层舞台可同时表演，地下有水井可表演神怪剧目。慈禧时名伶谭鑫培、杨小楼等都在颐和园内之德和园演出过。

专门收藏古代书法碑刻的建筑有北海之阅古楼和澂观堂。清代皇帝特别是康、乾二帝酷爱书法，收罗历代名家墨宝并刻在石板上。阅古楼存放《三希堂法帖》以及魏晋以来名家书法碑刻共495块（三希堂法帖即王羲之《快雪时晴帖》、王献之《中秋帖》、王珣《伯远帖》）。阅古楼为一马蹄形的二层环楼，将石刻嵌于壁上便于观览。

图9-5 北海阅古楼
（程里尧 摄）

阅古楼在塔山的西坡下，平面如半月状环形。楼为二层，上下各二十五间，环廊。乾隆皇帝喜爱书法，命人将"三王"和魏晋名家墨迹刻于495块石板上，嵌入楼壁，时称《二希堂法帖》，意为稀世之宝。建筑取环形布置以便于浏览。

在宫殿苑囿中设置买卖街的市肆建筑已经有很长久的历史，皇帝久居宫闱与市井隔绝，自然会产生对平民生活的向往。最早见于史载的是汉灵帝刘宏"作列肆于后宫，使诸采女贩卖"，"帝着商贩估服，饮宴为乐"。《北史·齐本记》载北齐幼主高恒在邺城华林园的荒诞行径："又于华林园立贫穷村舍，帝自弊衣为乞食儿，又为穷儿之市，躬自交易。"南齐暴君萧宝卷把这种做法发展到更荒唐的地步，他在芳乐苑内造店肆模仿大市，以太监宫人充贩夫走卒，他自己则扮演屠夫，宠妃潘氏卖酒，故时有歌云："至尊屠肉，潘妃沽酒。"这类宫廷内的荒诞娱乐在历史上沉寂了很长时间，到了清代又死灰复燃。在清代的大

图9-6 避暑山庄文津阁（程里尧 摄）/上图

文津阁在万树园之西，是由主阁与门殿、亭廊、假山、水池
组成的一处十分幽静的庭院。阁为二层，内设藏书搁架。乾
隆住园时常到此阅览《四库全书》。原来的屋顶全用黑色琉
璃瓦，取避火之意，后坏损，同治时改用灰瓦。阁前水池既
美化环境也可供消防用水。

图9-7 避暑山庄文津阁大假山（程里尧 摄）/下图

文津阁庭院中的大假山是现存皇家苑园中最好的叠石山，山
形嶙峋，有奇峰曲洞，磴道盘旋，具《十八学士登瀛洲》的
画意。原西部山顶有一"趣亭"，已毁圮；东部山顶有"月
台碑"。乾隆曾作诗赞假山兼有宋米芾所画的奇山意境。

图9-8 避暑山庄浮片玉戏台（张振光 摄）

浮片玉戏台位于山庄东南湖区如意洲的宫殿区内，是昔时康熙皇帝驻跸山庄时欣赏戏曲表演的舞台。戏台体量不大，但是却相当精致，可以想见清室皇苑凝练中国千年建筑艺术之智慧。

型苑囿中也都有买卖街，当皇帝和王公大臣游园时，由太监扮成商人顾客，熙来攘往，各种物品俱全，出内监从市上购进再转售，故交易亦假亦真。圆明园内的买卖街在舍卫城南，长180米。颐和园的买卖街在后溪湖中段，长270米，仿苏州水街建造，但各种店铺和招幌等装饰都是北京传统店面式样，可以说是南北风格的巧妙结合。店铺可列出名目者有25处之多，有茶肆、酒楼、烟店、鞋店、香铺、文玩店、绸缎店等等。承德避暑山庄在芳园居殿内开设茶肆酒楼和各种店铺，所以也称作买卖街。

十、华丽的建筑小品和饰物

　　皇家苑囿既是最高统治者专用优游享乐之地，所以一切目之所及和具有功能意义的器物，均应表现出富丽堂皇的皇家气派。除了那些决定苑囿景观的轩昂豪华的建筑物外，还要着意在景观之中装点许多具有装饰作用的小品，以渲染皇苑的高雅气氛，如同殿堂内的家具文玩等摆设物。苑中的许多小品装饰物虽非恢宏巨制，但都非常精巧耐人观赏，本身就是具有很高审美价值的艺术品，且都能与环境空间密切配合，或作重要之标志，或为铭记诗文之载体，或作模拟古制之形，极大地丰富了苑囿的景色之美。这类小品点缀物多用石、铜、琉璃等坚固耐久的材质制作，故在饱经历史沧桑之后仍能保存至今。

图10-1 北海琼岛春阴石碑（张振光 摄）
"琼岛春阴"在金朝时被列为"燕京八景"之一，石碑在塔山的东北隅，碑的正面刻乾隆手书"琼岛春阴"四字，背面刻乾隆七律一首；碑顶有四条小龙支拱一巨珠，构思巧妙。碑座和四周围栏雕刻都十分精美。

图10-2 北海仙人承露盘（程里尧 摄）

仙人承露盘在塔山北坡，立于一座方形石台之上，中间一根汉白玉蟠龙石柱，柱顶立铜仙人，双手高擎一荷叶形铜盘，整体造型挺拔俊秀。铜仙人传为汉武帝时遗物，元忽必烈命人从陕西运至大都，后移至塔山。汉武帝笃信神仙，相信玉屑和露水服食后可长生不老。

最早见于古籍的苑囿小品装饰物可能是汉武帝刘彻修造上林苑昆明池时在池中和池岸的点缀物"石鲸和石人"，"有刻石为鲸长三丈，每至雷雨，鼠尾皆动"的记载，这当然是史家按传说神化了的记述。在昆明池的东西两岸还立有两石人：牵牛和织女，是把池水象征天河。当时的昆明池中有龙舟凤盖摇曳、华旗招展、笙鼓齐鸣，配上这类巨大崔巍的石雕，其景观之威武雄壮可以想见。

现今遗存的清代苑囿中，我们还能看到各种各样精美的装饰物，如牌楼、神兽、仙人、塔幢、碑碣、龙壁、花台、置石等。特别是各种各样的桥虽具有一定的利用功能，但其装饰风景的作用其实更大于其使用价值。

**图10-3 北海九龙壁**（张振光 摄）

九龙壁是影壁（即建筑物大门外正对大门以作屏障的墙壁）的一种，是中国的龙壁中最为尊贵的形式（还有一龙壁、三龙壁、五龙壁、七龙壁等多种形式）。在古代被建造在皇帝、王后以及王公的宫殿止们的地方，在寺院里面也可以看到九龙壁，比较有代表性的有北京故宫九龙壁、山西大同九龙壁和北海九龙壁。

北海的九龙壁是最有特色的一座，整体有着极高的艺术价值；两面有由琉璃砖烧制的红黄蓝白青绿紫七色蟠龙18条，升降名异，互不雷同。它建于乾隆二十一年（1756年），高5米，厚1.2米，长27米。

牌楼在古代是重要入口的标志物，广泛应用于城市街道、宫殿、陵寝、庙宇和苑囿。在苑囿中其形制和尺度则更灵活，与景观特性相契合。清代颐和园和北海内都设有不同形式的牌楼。颐和园昆明湖北岸的"云辉玉宇"牌楼，为"四柱七楼"木牌楼，造型精美，色彩艳丽，其斗栱、明楼花板雕饰均极尽工美之能事；北海永安桥南北两端之"堆云"、"积翠"牌楼为"四柱三楼"，则小巧而雅丽。它们都是苑中主要建筑群入口的标志，并强化了苑囿中轴的关系。另一类牌楼如北京北海濠濮间之石桥北端入口处的石牌楼，及颐和园内谐趣园知鱼桥朵端的石牌楼，造型都十分简洁古拙，与这类园中之园的个性十分贴切。

碑碣一类记述书文的载体，在苑囿中时有所见。如著名的北海"琼岛春阴"石碑，旧为"燕京八景"之一，其背面镌有乾隆七律诗一首。在琼岛南坡白塔下方也有石碑两通，刻有

图10-4 颐和园须弥灵境北木牌楼（程里尧 摄）

须弥灵境北广场上原有三座木牌楼，围绕在广场的
北、东、西三面，作为入口的重要标志。此牌楼为
四柱七楼，正楼下嵌汉白玉石板，上刻"慈福"二
字。大、小花板透雕二龙戏珠和龙凤图案，通体金
碧辉煌，精致瑰丽，为最高级的形制。

华丽的建筑小品和饰物

筑境 中国精致建筑100

《御制白塔山总记》和《塔山四面记》，记述琼华岛之兴造与景物分布，留迹于后来者。颐和园佛香阁下东侧有巨大石碑镌乾隆手书"万寿山昆明湖"，北面刻《万寿山昆明湖记》记述苑囿始末，均有永留青史之意。颐和园东堤有巨大的石碑"昆仑石"，刻有乾隆《西堤诗》(堤原在畅春园西边，旧名"西堤")。此类碑碣虽为记事之用，但其独特的造型、色质和所在的位置均为景观增色。

铜制神兽、鼎炉一类制品多为庭院装饰。颐和园仁寿殿前的龙、凤、獬豸等，造型精美，工艺精湛，堪称人型艺术品。昆明湖东岸之铜牛，神形如真，是沿袭大禹治水的镇水神兽古制，牛背铸有《金牛铭》以述其典，为这一带较空旷的风景平添情趣。北海琼华岛北坡之铜制仙人承露盘，立于汉白玉蟠龙石柱之

图10-5 颐和园多宝琉璃塔
（程里尧 摄）
多宝塔在后山东部的山坡上，原是清漪园花承阁佛堂后的一座小塔，1860年阁毁仅存此塔。塔为八面七级，高16米余，塔身嵌砌琉璃佛龛，塔檐呈不等距排列，且黄、紫、绿相间，在阳光照耀下色彩斑斓，玲珑多姿。

图10-6 颐和园玉带桥（张振光 摄）

玉带桥是颐和园西堤六桥之一，自北向南顺次为第三座桥。桥的体形十分优美，桥身高耸，曲线流畅，通体洁白如玉，是昆明湖西最著名的景点。过此桥洞经玉河可至玉泉山静明园，清乾隆帝常由此水路游幸。

上，配以方形高台玉栏，仙人高擎大盘有高耸云端之概，是神仙岛的点题之作，传为汉武帝时遗物。

颐和园后山东部半山上的多宝琉璃塔是清代苑囿中仅见的装饰性小塔。塔东原是已毁坏的花承阁遗址。此塔高仅16米余，八角七层，造型瘦削挺拔，塔檐疏密相间而富有节奏感，全被五彩琉璃，塔身嵌有琉璃佛像596尊，在春光明媚季节，更加玲珑多姿。

桥在苑景中是必不可少的。桥的式样在一个苑囿中绝不雷同，如颐和园的18座桥，形式各异，特别是仿杭州西湖的西堤六桥，多用绮丽的亭桥形式。西堤六桥如同是一个大乐章中最后迸发出的几个优美的音符，从万寿山佛香阁形成的建筑高潮向着昆明湖远处逐渐消失，使湖光山色更显得圆满而充盈。在堤上漫步，远瞻近瞩，碧波潋滟，别有一种泽国野趣。

**图10-7 颐和园铜牛**（张振光 摄）/上图

铜牛在昆明湖东岸，廓如亭之北，造型生动，作回首顾盼神态，注视着湖上千顷碧波。铜牛古时作镇水神兽，相传大禹治水将铁牛沉于水底以绝水患，此即沿袭古制，实为苑景之点缀，牛背有《金牛铭》共80字。

**图10-8 北京颐和园铜亭**（章力 摄）/下图

铜亭正名为"宝云阁"，是一座全部用铜铸造的仿木结构佛殿，因其外形像亭，故俗称"铜亭"。它建于清乾隆二十年(1755年)，位于颐和园佛香阁西坡，与东面的转轮藏相对；形制为重檐歇山顶，四面为隔扇。其特殊之处在于无论梁、柱、斗栱乃至椽、瓦等皆为铜制仿木构件，呈蟹青冷古铜色，极为精美壮观。其体量虽不大，高仅7.55米，但却重达210吨。如斯铜制建筑工艺品是世间少见极致之作。

# 大事年表

| 朝代 | 帝王 | 公元纪年 | 大事记 |
|------|------|----------|--------|
| 商 | 纣 | 公元前11世纪 | 纣王好酒淫乐,扩大沙丘苑台蓄养珍禽异兽,并在朝歌造离宫别苑 |
| 周 | 文王 | 约前8世纪 | 文王之囿,方七十里 |
| 春秋 | 吴王夫差 | 约前480年 | 造姑苏台,"高三百丈,高见三百里",三年聚财,五年乃成 |
| 秦 | 始皇 | 前221年 | 造阿房宫,开上林苑,引渭水为兰池,筑蓬瀛,刻石为鲸 |
| 汉 | 武帝 | 前140年 | 扩建上林苑,充以奇树异草,豢养百兽。建离宫七十所,可容千乘万骑。造建章宫,凿太液池,筑蓬莱、方丈、瀛洲三岛,引沣水为昆明池 |
| 魏 | 明帝 | 227—239年 | 在洛阳造芳林园,凿太行、谷城之石;起景阳山,开陂地,栽植草木,放养禽兽。在城东北隅造华林园,园中有大海——天渊池、九华台、清凉殿、仙人馆、蓬莱山 |
| 后赵 | 石虎 | 335—349年 | 在邺城造华林园,周数十里,凿天泉池 |
| 东晋 | 简文帝 | 371年 | 简文帝入华林园谓左右曰:"会心处不必在远,翳然林木,便有濠濮间想,觉鸟兽禽鱼自来亲人" |
| 后燕 | 慕容熙 | 401—407年 | 在邺城筑龙腾苑,广袤十余里,起景云山,峰高十七丈,广五万步;凿天河渠,引水入宫 |
| 刘宋 | 文帝 | 446年 | 于建康乐游苑北筑元武湖,于华林园内起景阳山 |
| 南齐 | 萧宝卷 | 499—501年 | 在建康造芳乐苑,石涂五彩,跨池立水阁,楼观壁上画男女私亵之像 |
| 隋 | 炀帝 | 605年 | 于洛阳造西苑。自江都至长安有离宫四十余所 |

筑境 中国精致建筑100

| 朝代 | 帝王 | 公元纪年 | 大事记 |
|------|------|----------|--------|
| 唐 | 太宗 | 644年 | 建骊山温泉宫，后改名"华清宫" |
| | 玄宗 | 728年 | 扩建兴庆宫宫殿亭池 |
| 北宋 | 徽宗 | 1115年 | 在汴京仿杭州凤凰山造艮岳寿山 |
| 南宋 | 高宗 | 1147年 | 在临安造玉津园 |
| | 孝宗 | 1163—1194年 | 拓建聚景园 |
| 金 | 世宗 | 1179年 | 在金都东北郊原辽行宫瑶屿故址造离宫大宁宫，凿大湖，筑琼华岛，造广寒宫，后改名"万宁宫" |
| 元 | 世祖 | 1267年 | 以大宁宫为中心建大都城。拓太液池为大内御苑 |
| 明 | 英宗 | 1457—1464年 | 扩建太液池成北、中、南三海，筑南海大岛南台 |
| | 顺治 | 1651年 | 在琼华岛造永安寺。在山顶广寒殿址造喇嘛塔——白塔 |
| | | 1680年 | 在玉泉山金代离宫旧址建澄心园，1692年改名"静明园" |
| | 康熙 | 1690年 | 在明代李伟清华园旧址建畅春园 |
| | | 1703年 | 始建热河避暑山庄，至1711年建成，康熙钦定三十六景 |
| 清 | 雍正 | 1725年 | 扩建明代私园圆明园，钦定二十八景 |
| | | 1744年 | 完成圆明园御制四十景诗 |
| | | 1750年 | 建清漪园 |
| | 乾隆 | 1751年 | 建成长春园。于园北造西洋楼 |
| | | 1769年 | 建绮春园 |
| | | 1774年 | 钦定避暑山庄新增三十六景 |
| | 咸丰 | 1860年 | 圆明三园和清漪园、静宜园、静明园毁于英法联军入侵北京之役 |
| | 光绪 | 1885年 | 慈禧借办海军为名重建清漪园，改名"颐和园" |

**图书在版编目（CIP）数据**

皇家苑囿/程里尧撰文/程里尧等摄影. —北京：中国建筑工业出版社，2013.10
（中国精致建筑100）
ISBN 978-7-112-16042-6

Ⅰ.①皇… Ⅱ.①程…②程… Ⅲ.①宫苑-建筑艺术-中国-图集 Ⅳ.① TU-098.42

中国版本图书馆CIP数据核字（2013）第256356号

©中国建筑工业出版社

---

责任编辑：董苏华　张惠珍　孙立波

技术编辑：李建云　赵子宽

图片编辑：张振光

美术编辑：赵　清　康　羽

书籍设计：瀚清堂·赵　清　周伟伟　康　羽

责任校对：张慧丽　陈晶晶　关　健

图文统筹：廖晗明　孙　桐　骆巅华

责任印制：郭希增　臧红心

材料统筹：方承艺

---

中国精致建筑100

**皇家苑囿**

程里尧　撰文/程里尧　等　摄影

中国建筑工业出版社出版、发行（北京西郊百万庄）

各地新华书店、建筑书店经销

南京瀚清堂设计有限公司制版

北京顺诚彩色印刷有限公司印刷

开本：880×710 毫米　1/33　印张：3¼　插页：1　字数：120千字
2016年11月第一版　2016年11月第一次印刷
定价：**52.00**元
ISBN 978-7-112-16042-6
　　　（24313）